农业废弃物资源化利用技术示范与减排效应分析

常文韬　袁　敏　闫　佩　编著

图书在版编目(CIP)数据

农业废弃物资源化利用技术示范与减排效应分析 / 常文韬，袁敏，闫佩编著. —天津：天津大学出版社，2018.1（2022.8重印）

ISBN 978-7-5618-6038-0

Ⅰ.①农… Ⅱ.①常… ②袁… ③闫… Ⅲ.①农业废物－废弃物综合利用－研究 Ⅳ.①X71

中国版本图书馆CIP数据核字（2018）第022754号

出版发行	天津大学出版社
地　　址	天津市卫津路92号天津大学内(邮编:300072)
电　　话	发行部:022-27403647
网　　址	publish.tju.edu.cn
印　　刷	北京盛通商印快线网络科技有限公司
经　　销	全国各地新华书店
开　　本	185mm×260mm
印　　张	8
字　　数	187千
版　　次	2018年1月第1版
印　　次	2022年8月第2次
定　　价	39.00元

本书编委会

主　编： 常文韬　袁　敏　闫　佩　李　燃

副主编： 孙　静　张　维

主　审： 温　娟

编　委： 宋文华　田瑞芳　罗彦鹤　赵翌晨

高郁杰　唐丽丽　郭　健　闫　平

李红柳　王　兴　王　岱　尹立峰

冯真真　刘晓东　江文渊　安平凡

孙　蕊　李怀明　李　莉　李敏姣

杨占坤　邹　迪　杨崙鈜　宋广明

宋兵魁　张征云　陈启华　赵晶磊

徐　晗　廖广龙　赵　阳　邢志杰

前　言

党的十九大提出进一步实施乡村振兴战略和生态环境明显改善的新目标，2018年一号文件《中共中央国务院关于实施乡村振兴战略的意见》中明确提出到2035年，农村生态环境根本好转，美丽宜居乡村基本实现。

我国农村地域广阔，农村、农业废弃物的妥善解决是推进农业、农村绿色发展、保护生态环境的重要内容。农村、农业废弃物主要包括农村垃圾、畜禽粪便、农作物秸秆等。由于农村、农业废弃物多为无组织排放，未经处理直接进入自然环境，甚至进入人类食物链，其所造成的环境危害不可忽视。农业废弃物的直接污染主要体现在：农作物秸秆焚烧和畜禽粪便臭气与氨排放引起的空气污染；渗出液引起的土壤及地下水污染；畜禽粪便等造成的地表水源污染；农村垃圾引起的细菌和病毒传播。此外，由于废弃物中的营养物质不能有效地返回农业生产，化肥的施用量剧增，导致土壤板结、地下水与地表水富营养化等问题。

据统计，我国农作物秸秆总产量为几十亿吨，其中13%~17%被焚烧，被资源化利用的不足1%。近年来秸秆的燃烧已经成为主要的大气污染排放源，是大气雾霾的主要诱因之一。我国畜禽粪便和农村垃圾多为无组织排放，其化学需氧量排放已远远超过中国工业废水和生活废水中化学需氧量的排放量之和，不仅污染地表水，还污染土壤和地下水。可见，农村、农业废弃物已经成为中国最大的污染源之一。

这些废弃物既是污染源，也是宝贵的资源，中国在未来15~20年内农村、农业废弃物的产生总量依然呈增加的趋势，目前，我国已经具备多项农业废弃物资源化利用的技术，并已相应开展了部分试点工作。实践成果已经证明，农业废弃物资源化利用技术可行，利用农业废弃物可以开发新型的生物材料、生化产品，还可替代石化产品和紧缺资源，将带来可观的经济效益和显著的环境效益。因此，加快推进农村、农业废弃物全资源化利用已经刻不容缓，厘清相关机制、完善配套政策对保护农村生态环境、促进农业的可持续发展和农村小康社会的建设具有重大意义。

本书阐述分析了国内外废弃物污染利用现状，从畜禽养殖、农作物秸秆、农村生活垃圾等方面分别分析了污染现状、存在问题、资源化利用技术及途径等，并在此基础上，围绕本书提出的农业废弃物资源化利用各项技术进行了示范典型案例的分析，对不同特点的地区开展农业废弃物资源化利用、减少农村污染进行了案例总结。

本书内容丰富，观念新颖，是一本理论与实践相结合的农村领域参考读物，可供从事资源再生利用、环境保护、区域经济等相关领域的科研人员、农村环境管理工作人员参考，适合广大群众阅读,也可供相关领域的大专院校相关专业师生参考。

本书在编著过程中参考了国内外相关研究领域众多资料和科研成果,在此向有关作者致以衷心的感谢。

由于编写时间紧张,编著者水平有限,书中不足和疏漏之处在所难免,欢迎读者和专家批评指正。

编者

2017 年 12 月

目　　录

绪　论

在农业生产和农民生活过程中必然会产生农村生活垃圾和农业废弃物。在工业革命之前,农业生产力水平较为低下,农村的生活水平也较为落后,农业活动较为单一,因此产生的农业废弃物无论是数量还是种类都较少,对农业生产和农民生活并没有产生严重影响。

随着人类社会的不断发展和人口数量的激增,工业文明快速发展,特别是改革开放以来我国的经济、社会迅速发展,农业生产和农民的生活方式发生了巨大变化。农业生产方式由粗放型向集约型发展,传统农业生产向现代化农业生产转变,农民生活方式也不断变化,故而农业废弃物的种类、数量都迅速增长。传统农业生产过程中对废弃物循环利用的环节和方式已经不能与集约化农业和农产品加工业的发展速度相匹配,导致农业废弃物无法得到正确的处理。大量过剩的农业废弃物成为生态环境污染的重要来源,造成了环境质量的不断恶化,危害了人们的身体健康,不利于农业的可持续发展。

近年来,我国环境问题突出,并成为全面建设小康社会的短板。根据环保部《2013 年中国环境状况公报》, 2013 年 1 月和 12 月中国中东部地区发生了两次较大范围的区域性灰霾污染。其中, 1 月的灰霾污染过程接连出现 17 天,造成 74 个城市发生 677 天次的重度及以上污染天气,其中重度污染 477 天次,严重污染 200 天次。2014 年,长江、黄河、珠江、松花江、淮河、海河、辽河等七大流域和浙闽片河流、西北诸河、西南诸河的国控断面中, I 类水质断面仅占 2.8%,劣 V 类占 9.0%。2013 年,我国 4 778 个地下水监测点位中,较差和极差水质的监测点位比例为 59.6%。2014 年的《全国土壤污染状况调查公报》显示,全国土壤环境总体不容乐观,部分地区土壤污染较重,耕地土壤环境质量堪忧,工矿业废弃土壤环境问题突出。全国土壤总的点位超标率为 16.1%,耕地土壤点位超标率更是高达 17.4%。近 2 000 万公顷的耕地面积受到重金属污染,约占总耕地面积的 1/5。"民以食为天",耕地土壤的污染已经使得农产品的安全受到严重威胁。由以上数据可见,我国的大气、水和土壤的污染情况堪忧,科学系统地治理污染迫在眉睫。

我国是一个农业大国。农村居民人口数量达 9 亿多,占我国国民主体地位,农业是我国经济的重要组成部分。据统计,我国的农业废弃物产出量是世界之最,每年大约产出 40 多亿 t,其中农作物秸秆 7 亿余 t,畜禽粪便量约 26.1 亿 t,生活垃圾及人类粪便约 2.5 亿 t 等。预计 2020 年,我国的农业废弃物年产出量将超过 50 亿 t。大量的农业废弃物因为各种因素不能得到充分的利用和处理,而且我国农民文化科学素质普遍较低,环境保护意识较为淡薄,面对大量耕地上不断堆积的农业废弃物,农民往往采取焚烧的方式简单地解决问题。这种行为不仅造成了资源浪费,同时也破坏了土壤结构,废弃物燃烧后产生的二氧化硫等气体会造成空气质量下降, PM2.5 升高,从而造成大气的污染。若堆积的废弃物不能及时处理或合理利用,而一直置之不理,随着时间的推移和天气的变化,其会腐烂变质,滋生蚊蝇,传播疾病,不利于人们的身体健康。同时,农业产品加工过程产生的废弃物、粪便等含有的有毒物质、重金属等有害成分可能直接或间接地污染水源，导致河流污染、水体恶化，从而危害到人们的身体健康。故农业生产行为和农民生活方式与农村环境、农业生态、自然资源有着紧密的联系，直接关系到我国未来农业、农村的可持续发展，影响到和谐社会、美丽农村美好愿景的最终实现。

农村环境污染作为我国环境污染的重要组成部分，需要深入推动治理和连片治理。农业生产和农民生活的能源消耗是我国能源消费总量和温室气体排放不可忽视的组成部分，产生的废弃物同时也是大气、水、土壤的主要污染源之一。因此，利用当今先进的科学技术，有针对性地实施废弃物循环利用和农业生物质产业开发，加强农业资源保护，大力发展农村农业循环经济、低碳经济，将有利于传统农业生产方式向现代化生态农业生产方式的转变，改变农村居民的生活方式对推动全国经济发展方式的转变也有重大意义。

本书共分四章，从农业废弃物的概念、来源和分类等理论出发，系统阐明了国内外农业废弃物污染及利用现状、国内外农业废弃物资源综合利用技术，通过农业废弃物资源化利用模式分析，进行农业废弃物资源化利用与农业减排效应分析。

第一章　国内外农业废弃物污染及利用现状

第一节　农业废弃物的概念、来源及分类

一、农业废弃物的概念

我国学术界对农业废弃物的界定并不统一,在其内涵与外延的探讨上各存己见。孙振钧是对农业废弃物进行界定最早的学者,以后的学者在他的基础上通过不同学科角度对农业废弃物进行了阐述。学术界认为:农业废弃物(Agricultural residue)是指在整个农业生产过程中被丢弃的有机类物质,主要包括农林业生产过程中产生的植物类残余废弃物、畜牧渔业生产过程中产生的动物类残余废弃物、农业加工过程中产生的加工类残余废弃物和农村生活垃圾等。通常,农业废弃物主要指农作物秸秆和畜禽粪便[①],包括植物类废弃物(农林生产过程中产生的残余物)、动物类废弃物(畜牧渔业生产过程中产生的残余物)、加工类废弃物(农林牧渔业加工过程中产生的残余物)和农村生活垃圾等四大类[②]。根据资源废弃化理论,农业废弃物是农业生产和再生产链环中资源投入与产出在物质和能量上的差额,是资源利用过程中产生的物质能量流失份额[③]。也有学者认为农业废弃物包括农业生产过程中的废弃物和农村居民生活废弃物。从循环经济学的角度出发,在目前技术、资金和劳动力等条件允许的情况下,农业生产或农产品加工业的副产品中能作为原材料被再生利用的那部分农业废弃物是物质和能量的载体,是以特殊形态存在的资源,是农业生产和农产品加工过程中不可避免的一种副产品[④]。

科学技术部中国农村技术开发中心对农业废弃物的定义为:"在农业生产过程中,除了目的产品外而抛弃不用的东西,是农业生产中不可避免的一种非产品产出,按其来源不同可划分为种植业产生的各种农作物秸秆,养殖业产生的畜禽粪便及屠宰畜禽而产生的废弃物,对农副产品加工而产生的废弃物,农业生产过程中残留在土壤中的农膜也是主要的农业废弃物之一。"

目前,我国相关法律法规并没有对农业废弃物的定义进行统一界定,在不同场合和不同领域,我国的法律和官方文件对农业废弃物的内涵与外延使用不同。但是我国已经制定了部分法律、部门规章以及地方性法规,对农业废弃物与农业废弃物概念进行了规定。

2001 年 3 月 20 日经国家环境保护总局局务会议通过的《畜禽养殖污染防治管理办法》规定,畜禽废渣是指畜禽养殖场的畜禽粪便、畜禽舍垫料、废饲料及散落的毛羽等固体废弃

① 孙永明,李国学,张夫道,等. 中国农业废弃物资源化现状与发展战略 [J]. 农业工程学报, 2005, 21(8): 169- 173.

② 孙振钧,孙永明. 我国农业废弃物资源化与农村生物质能源利用的现状与发展 [J]. 中国农业科技导报,2006,8(1):6-13.

③ 胡明秀. 农业废弃物资源化综合利用途径探讨 [J]. 安徽农业科技,2004,32(4):757-759.

④ 韦佳培. 资源性农业废弃物的经济价值分析 [D]. 武汉:华中农业大学,2013.

物。2013 年 10 月国务院第 26 次常务会议通过的《畜禽规模养殖污染防治条例》对 2001 年的《畜禽养殖污染防治管理办法》中的“畜禽废渣”的定义进行了延伸，指出畜禽养殖废弃物是指畜禽粪便、畜禽尸体、污水等。

中华人民共和国第十一届全国人民代表大会常务委员会第四次会议于 2008 年 8 月 29 日通过了《中华人民共和国循环经济促进法》，其中第四章第三十四条中阐述“对农作物秸秆、畜禽粪便、农产品加工业副产品、废农用薄膜等进行综合利用，开发利用沼气等生物质能源”。虽然其中没有明确使用“农业废弃物”这一概念，但实际上已经将农业废弃物的内涵表达了出来。

2010 年 9 月浙江省人民政府第五十六次常务会议审议通过的《浙江省农业废弃物处理与利用促进办法》则是第一部对农业废弃物进行定义的地方性法规。其中规定，农业废弃物是指在种植业、畜牧业生产中产生的废弃物，包括畜禽养殖废弃物、农作物秸秆、食用菌种植废弃物、废弃农膜以及县级以上人民政府确定的其他农业废弃物。

2012 年 9 月宁夏回族自治区人民政府第一百二十三次常务会议通过的第 48 号文件《宁夏回族自治区农业废弃物处理与利用办法》第一章第三条中指出，农业废弃物是指在种植业、畜牧业等农业生产过程中产生的废弃物，包括畜禽养殖废弃物、农作物秸秆、废弃农膜等。

结合上述对农业废弃物概念的诸多表述以及我国的实际国情，农业[①]废弃物可定义为种植业、林业、畜牧业和水产养殖业生产过程中以及与其产品生产、加工相关的活动中，农村居民日常生活中或为日常生活提供服务的活动中产生的不具有原有利用价值，其所有人、使用人已经或准备或必须丢弃的部分物质或能量。农业废弃物是农业生产过程中和农村居民生活中排放的废弃物的总称。

二、农业废弃物的来源

要进行农业废弃物的管理及利用，就要在清楚农业废弃物内涵的基础上了解农业废弃物的来源，以便对农业废弃物进行分类，同时也利于人们对农业废弃物的研究开发及综合利用。

根据上述对农业废弃物内涵与外延的阐述，农业废弃物的主要来源如下。

（一）种植业农业废弃物

种植业农业废弃物主要来源于农田和果园，主要指种植业、林业生产过程中或收获活动结束后，除了果实以外的、被丢弃的物质或能量，比如粮食作物的秸秆，蔬菜瓜果的落果、残叶、藤蔓等。

我国是一个农业大国，种植业生产中会产生大量的废弃物，它们种类繁多，数量巨大，以农作物秸秆为主。2009 年我国农作物秸秆总产量为 6.87 亿 t，其中稻草为 2.5 亿 t，小麦秸秆为 1.5 亿 t，玉米秸秆为 2.65 亿 t，豆类秸秆为 2 726 万 t，棉花秸秆为 2 584 万 t。可见我国

① 本书所称“农业”，指广泛农业，包括种植业、林业、畜牧业、渔业、副业五种产业形式。狭义农业是指种植业，包括生产粮食作物、经济作物、饲料作物和绿肥等农作物的生产活动。

农作物废弃物产量巨大。

自古以来，秸秆被作为农户的生活燃料、牲畜的粗饲料；或者还田作为肥料，用来保水抗旱，防虫除虫；还可作为建筑材料；少量用作造纸等工业原料 。现在，秸秆还可以转化发电，被加工压块成燃料制取煤气，作为食用菌基料培养生产平菇、香菇等食用菌等。

可见，种植业农业废弃物的可再生利用价值高。据调查，2009 年我国的秸秆未利用资源量为 2.15 亿 t，秸秆资源利用潜力巨大。

（二）养殖业农业废弃物

养殖业农业废弃物主要来源于畜牧、渔业生产过程中产生的残余物，主要是指在畜禽养殖过程中产生的畜禽粪便、污水、废饲料、羽毛等废弃物以及水产养殖过程中产生的含饲料残渣、农药残余的养殖塘泥等废弃物质。其中，畜禽粪便在畜禽废弃物中占据了较大的比例，而且不同畜禽品种产生的畜禽废弃物存在差异。

我国是世界上的畜禽养殖业大国，每年产生大量的畜禽粪便。据统计，2011 年我国畜禽粪便的产生量为 21.21 亿 t，其中牛粪便产生量较大，其次是羊、猪、肉鸡和蛋鸡。我国畜禽粪便 2008—2011 年的增加量相当于 2010 年我国工业废弃物产生量的 50% 左右。与我国每年产生的各类农作物秸秆约 6.5 亿 t 相比，我国畜禽粪便的产生量约是秸秆产生量的 3.26 倍[①]。可见，养殖业废弃物占我国农业废弃物的比例最大，此类废弃物如处理不当，对环境危害性最大。据 2010 年由环境保护部、国家统计局和农业部联合发布的《全国第一次污染源普查公报》显示，畜禽养殖业的污染排放已经成为我国最重要的污染源之一。近年来，国家对规模化畜禽养殖业的污染进行了治理，并于 2013 年颁布《畜禽规模养殖污染防治条例》，使监管治理做到有法可依。但是由于大部分养殖场未能对畜禽粪便进行有效的处理和利用，并且将未经处理的粪便随意堆放，导致大量的氮、磷流失，造成水体、土壤和空气受到污染。畜禽粪便中含有的大量病原菌以及饲料中含有的重金属添加剂不仅对环境造成污染，同时还会影响到人们的身体健康。但是，自古以来我国就有畜禽粪便的利用传统。畜禽粪便可以当作有机肥料用于农作物耕种，不仅有利于改良土壤，还节约了土壤资源。北方少数民族有用牛粪作为燃料的传统，用于做饭和取暖。目前，可以通过先进的科学手段将畜禽粪便进行加工，作为饲料用于鱼、猪等的养殖，畜禽粪便经过集中处理还可以生产沼气，作为能源用于农民的生活当中。

（三）农产品加工类废弃物

农产品加工类废弃物是来自于农产品加工过程中产生的废弃物，包括肉食加工工业废弃物、制糖业的甘蔗和甜菜渣、罐头食品厂加工废弃物、木材加工后剩余的边角废料和各类经济林抚育管理期间育林剪枝所获得的薪材量等。

这类废弃物年产量现已超过 1 亿 t。随着粮食产量的增长，预计到 2020 年，这类废弃物年产量会增长到 2 亿 t，其中大部分可以综合利用，如肉食加工工业的废弃物可以用于制造皮革制品、肥皂、动物胶、生物药剂、羽绒、骨粉等；农作物秸秆可作为纸、板生产的原材料，利用其木质素或纤维素可进一步加工制造化工产品。但是，农产品加工类废弃物如果处理不

① 朱宁. 畜禽养殖户废弃物处理及其对养殖效果影响的实证研究——以蛋鸡粪便处理为例 [D]. 北京：中国农业大学，2014.

当，使其产生的废渣、废水进入环境当中，当积累到一定程度，会对环境构成污染威胁。

（四）农村生活垃圾

农村生活垃圾是农村居民日常生活中产生的废弃物，如人类粪便、尿液、剩菜剩饭、废旧家电家具等。改革开放以后，在农村经济进一步发展的形势下，农民的生活水平进一步提升，与此同时，农村生活垃圾的数量及种类也逐渐增多。这类废弃物对环境污染的威胁程度及对人体健康的影响都在逐渐增加。农村居民环保意识不够、农村管理体制不到位、法律法规欠缺和基础设备落后等，都逐渐成为农村生态环境的重要影响因素。

三、农业废弃物的分类

（一）按照农业废弃物的来源分类

（1）种植业废弃物：主要指粮食、蔬菜、瓜果、糖料等植物性农产品生产及收获过程中产生的废弃物，如秸秆、残株、杂草、落叶、果实外壳、藤蔓、树枝和其他废弃物。

（2）动物养殖业废弃物：主要指畜牧、渔业生产过程中产生的残余物，包括畜禽粪便、脱落的羽毛、畜禽饲料残渣、畜禽圈舍的垫料、水产养殖塘污泥等，还包括病死的畜禽尸体、养殖过程中产生的污水等。

（3）农产品加工业废弃物：指农产品加工过程中产生的残余物，包括农林牧渔业加工过程中产生的残余物。农产品在初加工过程中产生的废弃物主要包括稻壳、玉米芯、花生壳、甘蔗渣等。

（4）农村生活垃圾：主要指人类粪便、尿液以及生活废弃物，主要包括塑料袋、建筑垃圾、生活垃圾等组成的混合体。

（二）按照农业废弃物的利用价值分类

（1）资源性农业废弃物：指在目前的技术、资金和劳动力等条件允许的情况下，农业或农产品加工业的副产品中能作为原材料被再生利用的部分，包括资源性农业生产废弃物（植物性废弃物秸秆、食用菌栽培废料以及动物性废弃物如畜禽粪便等）和资源性农产品加工废弃物（甘蔗渣、屠宰污血和污水等）。

（2）非资源性农业废弃物：指在现有技术、资金等条件下，农业生产和农产品初加工过程中产生的废弃物以及农村居民生活垃圾中不能被循环利用的部分，如化肥农药、废弃农膜、杀虫剂、农业温室气体、废弃塑料袋等。

（三）按照农业废弃物的化学性质分类

（1）有机农业废弃物：指农业生产和农民生活过程中产生的有机类物质的总称，具有可资源化利用的特点，主要包括农业生产或产品初加工过程中产生的植物类废弃物（如农作物秸秆、果壳、杂草落叶、果渣等）、动物类废弃物（如畜禽粪便）和农村居民的生活垃圾（如人类粪便、厨余垃圾等）。

（2）无机农业废弃物：指农业生产过程中产生的残余物或农村居民的生活垃圾中无法再生利用、投入环境中无法自然降解、需要采用特殊措施进行处理的，自身物质由无机成分构成的农业废弃物，包括农膜、农药残留包装、化学药剂、废旧家电和电池等。

（四）按照农业废弃物的形态分类

（1）农业固体废弃物：指在整个农业生产过程中和农民生活中产生的固体类废弃物，如畜禽养殖废弃物、农作物秸秆、农用塑料残膜等。

（2）农业液体废弃物：指在整个农业生产过程中或农民生活中产生的液体废弃物，主要包括畜禽等动物性农产品生产过程中产生的污水、农民生活中产生的生活废水等。

（3）农业气体废弃物：指农业生产过程中和农业产品加工过程中排放的 CO_2、CH_4、N_2O 等温室气体，主要来源于农村用电、农业机械总动力、农用柴油使用、化肥施用等。

（五）按照农业废弃物的性质分类

（1）危险农业废弃物：指对环境或者人体健康造成有害影响、不排除具有危险特性、需要按照特殊措施进行相应处理才能降低或者消除其危害的农业废弃物，如化肥、农药包装物、生活用品中的塑料制品、农膜等。

（2）一般农业废弃物：指对环境或人体健康不具有明显的危害性、可以自然降解、不需要特殊处理的农业废弃物，如农作物秸秆、畜禽粪便等。

第二节　农业废弃物的污染途径及现状

目前，由于农村基础设施不匹配、资金投入或政府扶持不够、农民的环保和废弃物资源化利用意识淡薄等原因，农业废弃物资源化利用率较低。农民追求短期效益，不愿意将农业废弃物进行资源化开发利用，政府也不够重视，农业废弃物资源化利用无法形成产业化规模，也没有高附加值产品，导致大部分农业废弃物仍是被简单处理、随意堆放。随着现代化农业规模化和集约化发展，若大量的农业废弃物不能得到有效的利用和处理，投放到生态环境中的农业废弃物数量将不断增加，从而导致环境污染问题及农业可持续发展问题日益加剧。

一、农业废弃物的污染途径

（一）农业废弃物对土壤的污染

农业废弃物随意堆放，简单化处理或者处理不当，都会使得农业废弃物以及其处理后的分解物进入土壤，其污染物会引起土壤的性状及成分发生改变，从而影响土壤原有的生态系统。此外，还会造成土壤污染，破坏土壤原有的基本功能。

农用地膜残余物长期存在于土壤中会严重影响农作物根部的生长发育、水肥的运移，导致农作物减产。农药及化肥的过度使用，使得土壤中有机质含量降低，同时农药及化肥中的重金属、化学残留物污染土壤，也间接被农作物吸收，降低农作物质量。人和畜禽的粪便作为传统农业的有机肥长期使用或随意堆放处理，其中含有的磷、钙、氮等营养物质积累在土壤中会产生一定危害，同时粪便中含有的病原微生物和寄生虫也会造成土壤污染。

（二）农业废弃物对水体的污染

农业废弃物一旦进入水资源环境，无论是间接进入还是直接进入，当积累到一定程度，超过水体自净能力时，就会对水体造成污染。目前，我国的水资源环境呈现逐年恶化的趋势,农业废弃物污染影响较大。其中,生活垃圾的渗液、生活污水及畜禽养殖业的粪便尿液排放成为农村水资源环境恶化的主导因素。

农业废弃物中的农药、杀虫剂、化肥等可以通过土壤渗入地下水循环,或通过雨水经地表径流直接进入河流湖泊,将有害物质带入水体,破坏水体的生态环境,其危害程度不亚于工业废水。此外,畜牧养殖业生产中形成的污水及农村生活废弃物产生的污水中含有大量的有毒、有害成分以及大量的微生物和病原体寄生虫卵,一旦进入水体循环,会引起水体富营养化,使公共供水中的化学成分严重超标,破坏水体的生态环境,污染人类的饮用水源,危害人们身体健康,造成水资源水质型短缺。

(三)农业废弃物对大气的污染

农业废弃物和其分解物进入大气中,会引起空气的成分和形态发生变化,在一定程度上对人类的身体健康产生危害。农业废弃物对大气污染的途径主要有以下两类。

第一类是农业废弃物及其分解物可以排放出大量的二氧化氮、二氧化硫、一氧化碳、臭氧等有害气体污染空气。如秸秆燃烧产生大量浓烟和有机污染物,增加空气污染指数,并影响交通和航空运输事业。化学肥料和农药在使用和生产过程中也会造成大气污染,如氮肥可从土壤表面挥发成气体进入大气,进入土壤内的有机氮或无机氮在土壤微生物的生化作用下可转化为氮氧化物进入大气,从而增加大气中氮氧化物的含量。也有一部分农业废弃物在分解过程中产生二次污染,产生有毒有害气体,如禽畜粪便堆积发酵会产生硫化氢、苯酚、氨、硫醇、乙醛等上百种有毒有害物质,造成环境污染,降低环境质量。农膜、塑料制品等垃圾被部分养殖场当作燃料燃烧,造成的大气污染也很严重。

第二类是农业废弃物直接增加空气中的总悬浮颗粒物、可吸入悬浮颗粒物、烟尘等大气污染物的含量,影响空气质量。收获时节,大量的农作物秸秆随意堆放在农田里,农民生活废弃物未经过处理到处堆放,无封闭措施,在风吹日晒下,大量的粉尘、细微颗粒物等随风进入空气中,增加大气中的总悬浮颗粒物、可吸入悬浮颗粒物浓度。此外,经简单处理的农业废弃物在发酵过程中会产生苯酚、氨等上百种有毒、有害物质以及细菌病原体等,它们可随风进入大气或通过水循环气化后进入空气中,对大气环境造成污染,降低环境质量,危害人们的身体健康。

(四)农业废弃物对生物的危害

农业废弃物对生物的污染,主要是指其对人类、畜禽等生物健康的影响。农业废弃物由于不被政府重视、再生利用投资巨大,常常被环境保护意识淡薄的农民简单粗放地处理。农业废弃物常常露天随意存放,在高温季节,由于缺少足够的防护措施,大量的农业废弃物会滋生大量蚊蝇,使得环境中病原菌数量增加。蚊蝇还是传染病的媒介,从而给人类及畜禽的健康和生存带来威胁。农业废弃物经过化学、物理、生物的作用分解出的有毒有害物质进入大气、土壤和水体等环境中,会直接或者间接地对人体健康构成威胁。如农作物秸秆燃烧产生的可吸入悬浮颗粒物、二氧化硫、二氧化氮等有毒物质被人类吸入后,长时间积累后会引起心肺疾病。而未经处理的畜禽粪便含有大量未被消化吸收的有机物,在一定自然条件下就会产生大量的氨气、硫化氢、二甲二硫、甲硫醇等多种恶臭气体,人和动物吸入这些气体后会引起呼吸困难、窒息等反应，情况严重的还会发生神经系统麻痹、中毒，更甚者还会引起肺水肿和心脏疾病。农药、化肥和农村生活垃圾中的废旧电池、电器等中含有的重金属可通过土壤进入地下水系统，污染饮用水，或者经过长时间土壤积累作用于农作物。一旦人类、畜禽食用或饮用被有毒物质污染的食物和水源，人类和畜禽的健康会受到影响，甚至导致癌症、引发死亡。农村生活垃圾尤其是厨余垃圾、人类粪便进入水体后，造成水污染，还造成病原体、细菌污染，导致传染病的流行，常见的疾病有传染性肝炎、寄生虫病等。

二、农业废弃物的污染现状

中国是世界上农业废弃物产出量最大的国家，每年大约产出 40 多亿 t，其中农作物秸秆 7 亿余 t，畜禽粪便排放量 26.1 亿 t，废弃农膜等塑料 2.5 万 t，蔬菜废弃物 1 亿～ 1.5 亿 t，城镇生活垃圾和人类粪便 2.5 亿 t，肉类加工厂废弃物 0.5 亿～ 0.65 亿 t，饼粕类废弃物 0.25 亿 t，林业废弃物约 3 700 万 m^3。我国的传统农业中有着优良的农业废弃物利用方式，但是随着农村经济的巨大发展，农民逐步改变了传统的生活用能和生产用肥方式，使得农业废弃物过剩问题日益突出，成为生态环境的重要污染源。

（一）农作物秸秆污染

秸秆主要是指农作物的根、茎、叶中不易或不可利用的部分，通常是指小麦、水稻、玉米、薯类、油菜、棉花、甘蔗和其他农作物（通常为粗粮）在收获籽实后的剩余部分。

我国作为农业大国，农民对农作物秸秆的利用历史悠久，但是以前我国主要是以传统农业生产方式为主，农作物产量少，秸秆数量少，少量秸秆用于喂养牲畜、堆沤肥和炊事能源使用外，大部分都被露天焚烧。随着农业生产的发展，中国自 20 世纪 80 年代以来粮食产量大幅提高，秸秆数量也大幅增多，且产量巨大，分布广泛且不均（如图 1-1 和图 1-2）。

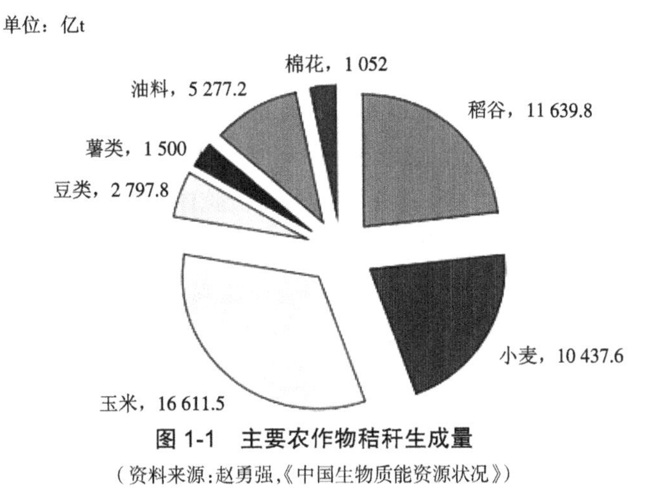

图 1-1 主要农作物秸秆生成量

（资料来源：赵勇强，《中国生物质能资源状况》）

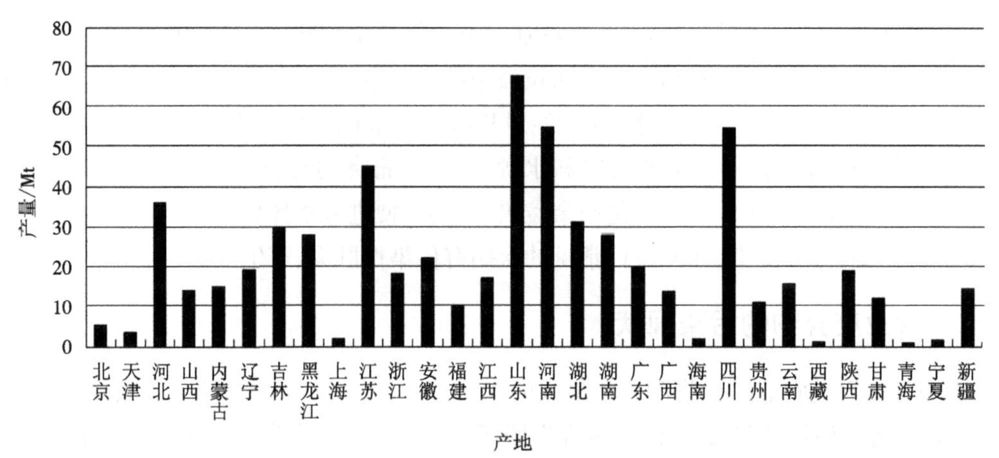

图 1-2　全国各省、市、自治区主要农作物秸秆的总量

从图 1-2 可以看出，我国农村秸秆的资源分布不均，而且由于秸秆的体积庞大、收集成本高和政府及农民本身重视不够等原因，导致秸秆严重过剩，浪费了大量的资源。作为重要的可再生资源，目前从全世界农业生产来看，农作物秸秆的利用率也不到 10%，我国的农作物秸秆的再生利用率不足 15%。近几年，我国农作物的生产面积及产量均有大幅度增长，相应的剩余秸秆等废弃物的污染问题越发显著。

根据学者测算，我国农作物秸秆总产量每年约为 7 亿 t，其中粮食作物秸秆约 6 亿 t（占 74.4%），蔬菜废弃物 1 亿 ~1.5 亿 t。我国已经成为世界第一秸秆大国，每年农作物秸秆有 1.3 亿 t 被焚烧，可以说浪费了大量的可再生资源。大量的秸秆直接在露天农田里焚烧，产生大量浓烟，造成严重的空气污染。这些浓烟当中含有大量的二氧化碳，促使了温室效应的加剧；排出的二氧化硫、一氧化碳、二氧化氮等有毒有害气体被人和畜禽呼吸到体内，经过在心肺内脏中长时期的积累，会危害人类的身体健康，同时也不利于畜禽的生长。另外，秸秆焚烧产生的大量烟尘会降低能见度，影响车辆的正常行驶以及飞机的正常起降，严重威胁交通安全。秸秆焚烧后的草木灰有机质则在淋溶、地表径流等作用下大量流失，造成水体污染。焚烧麦茬、稻茬或在农田中就地焚烧秸秆不仅烧焦了表层土壤，蒸发了土壤中的水分，同时也杀死了土壤中的微生物，破坏了土壤中的有机胶体，并且阻碍了农作物所需的各种元素的释放，易造成土地沙化，降低氨的含量和土壤的表面张力，使土壤的吸水能力和缓冲能力降低，严重破坏了农田的生态环境。秸秆焚烧往往成了烟源、火源，极易烧到周边的庄稼和树木，造成庄稼和树木死亡，严重的还可能留下隐患，引发火灾。

（二）畜禽粪便污染

随着我国经济发展和人民生活水平的提高，畜禽养殖业得到了迅猛发展，养殖业逐步由牧区向农区、由农村向城市近郊、由散养向规模化和集约化发展；大规模畜禽养殖场则主要集中在人口集中、水系发达的东部沿海等环境敏感区域。目前，我国已经是世上最大的猪肉、禽肉和鸡蛋生产国。畜禽养殖业在满足老百姓生活品质改善的同时，也带来了可观的经济效益。而随着畜禽数量的不断增加，直接带来的是畜禽粪便和养殖废弃物数量的大幅度增加，对生态环境造成了严重的威胁。2011 年，我国畜禽粪便产生量高达 21.21 亿 t，大约相当于当年工业废弃物产生量的 2 倍，是农作物秸秆产生量的 3 倍多。1980—2011 年中国畜禽粪便产量情况见图 1-3。2008 年和 2009 年天津畜禽粪便产量年排放量见表 1-1。

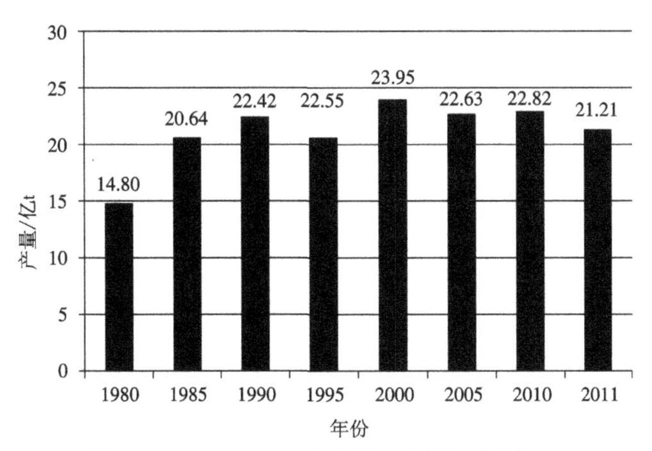

图 1-3　1980—2011 年中国畜禽粪便产量情况

（数据来源：朱宁，《畜禽养殖户废弃物处理及其对养殖效果影响的实证研究》）

表 1-1　2008 年和 2009 年天津畜禽粪便年排放量　　单位：万 t

	猪	牛	羊	家禽	合计
2008 年	112.59	133.89	64.88	199.45	510.81
2009 年	130.04	130.23	69.54	216.75	546.56

畜禽养殖业的规模化虽然促进了农村的经济发展，也丰富了人们的菜篮子，但是因为许多畜禽养殖场缺乏废弃物处理能力，畜禽粪便经常被随意堆放或者被直接排放到河流湖泊之中，没有专门的处理设施和设备，导致了水体污染、寄生虫传染病流行、环境中臭气冲天等。

纵观全球，英国、美国、法国、日本、荷兰、比利时、意大利等畜牧业发达的国家都不同程度地出现过畜牧业污染危机，并引发了一系列社会问题。许多畜禽密集度高的地区动物废弃物（粪、尿等）成为污染土壤、水源、空气等环境的重要来源。例如，荷兰南部地区畜牧业密集度很高（高出本国平均水平的 2~3 倍），结果畜禽粪便产生量大大超过了其生产施用量，从而引起了粪便硝酸盐污染。据统计，荷兰每年畜禽粪便总产出量为 9 500 万 t，其中 1 500 万 t 过剩；比利时一年畜禽粪便总产出量 4 100 万 t，过剩 800 万 t；意大利、法国、英国等国家也存在畜禽粪便过剩现象。这激化了生产与环保之间的矛盾，导致了严重污染区市民的游行示威，给生产和经济带来了一定的损失。

而我国的情况也不容乐观，大部分已建或新建的集约化饲养场都在城郊，畜禽粪便的污染问题也愈来愈突出。《第一次全国污染源普查公报》中指出，畜禽养殖业粪便年产生量为 2.43 亿 t，尿液年产生量为 1.63 亿 t，主要水污染物每年排放的化学需氧量为 1 268.26 万 t，总氮 102.48 万 t，总磷 16.04 万 t，铜 2 397.23 t，锌 4 756.94 t。2014 年《全国环境统计公报》

显示，当年全国有规模化畜禽养殖场 140 984 家，规模化畜禽养殖小区 9 128 个，排放化学需氧量 289.4 万 t，氨氮 28.7 万 t，总氮 139.2 万 t，总磷 23.2 万 t。

一个年产 1 万头生猪的大规模集约化养猪场每天排放的粪污可达 100~150 t。此外，由于饲料添加剂被大量使用，畜禽粪便中许多微量元素会对环境造成污染。因处理设施投资多、畜禽养殖分散等原因，畜禽粪便和污水的工程处理率较低。据估算，中国畜禽粪便主要污染物 COD、BOD、NH_3-N、TP、TN 的流失量分别为 728.26 万 t、498.83 万 t、132.20 万 t、41.95 万 t 和 345.50 万 t，其中 COD 的排放量已接近全国工业废水中 COD 的排放总量（768.37 万 t），TN 和 TP 的流失量超过化肥的流失量。由此可见，畜禽粪便污染问题日益严峻。

一旦畜禽养殖场的污水未经处理就排放，其中含有的高浓度污染物进入地表水体中，会使水中氮、磷含量增高，造成水体富营养化严重和水质不断恶化，严重影响人们的饮用水质量，尤其是在东部人口密集地区，水质的不断恶化已经威胁到人们的身体健康。其次，畜禽粪便和污水中除了含有重金属、有机物质外，还含有畜禽常用的药物，这些药物具有不同程度的毒性，对水体环境具有不良影响。这些有毒有害成分进入水循环中，不但会使水生生物死亡，导致水下生态失衡，严重时还会造成水体发臭、发黑，使水体功能丧失。粪污处理工艺设计不当，会造成粪尿渗漏，大量氮、磷渗入地下或流入水体，引起土壤、地表水和地下水污染，而某些畜禽场又恰恰使用已被自身污染的地下水，形成循环污染。

畜禽粪尿中所含有机物大体可分为碳水化合物和含氮化合物，它们在有氧或无氧条件下通过微生物的作用被分解为硫化物、氨化物、甲硫醇等 200 多种恶臭物质，严重影响空气质量，而且这些气体会随着大气扩散，且扩散速度快，污染范围广。同时，畜禽养殖业会排放大量的甲烷，甲烷是导致温室效应的重要因素，比二氧化碳的影响力大 25 倍之多。

粪尿产生的恶臭物质会刺激嗅觉神经与三叉神经，从而对呼吸中枢产生作用，影响人、畜的呼吸机能。刺激性臭味亦会使血压及脉搏发生变化，有的还具有强烈的毒性，如硫化氢、氨等。硫化氢含量高时，会引起人头晕、恶心和慢性中毒症状，而人长期处在氨气含量高的环境中，会目涩流泪，严重时双目失明。

粪便废弃物产生的粉尘同样危害人类的健康。粪便粉尘往往含有许多有毒成分，如铬、锰、镉、铅、汞、砷等。粉尘被人体吸入后，极易深入肺部，引起中毒性肺炎或矽肺，有时还会引起肺癌。此外，粉尘还会腐蚀建筑物；其降落在植物叶面，则会阻碍光合作用，抑制植物生长。

氮和磷的化合物是畜禽粪便的主要成分，将畜禽粪便作为绿色肥料作用于土壤，可以增加土壤的含氮量，所以农民自古以来都选用粪便作为肥料，用于农作物种植。但是，若土壤的氮、磷含量超标，其反而会在土壤里转化为硝酸盐和磷酸盐，使土地失去原有的生产价值。目前，我国畜禽养殖逐渐规模化，大量的畜禽粪便及养殖污水施用于农田，会造成土壤孔隙堵塞，使土壤透气、透水性下降，使土壤板结，严重影响土壤质量；并会使农作物徒长、倒伏、晚熟或不熟，造成减产，甚至使农作物出现大面积腐烂。当粪便过量使用、超过土壤的自净能力时，可使土壤养分浓度过高，影响农作物生长。畜禽粪便的大量堆放直接侵蚀附近农田，使之丧失生产能力。

畜禽粪便污染物中还含有大量的病原微生物和寄生虫卵，未经过处理的畜禽粪便及养殖污水被随意处理，流入环境中，会滋生蚊蝇，使得环境中的病原体增多，菌种、菌量加大，造成传染病和寄生虫病的蔓延，更会引起“人畜共患病”，给人、畜、禽带来严重危害。

（三）农村生活垃圾污染

农村是从事农业生产的劳动者聚集生活的地方。我国人口众多，据 2015 年中国统计局数据显示，我国乡村人口为 6.18 亿，约占我国总人口的 50%。改革开放以来，在农村经济进一步发展的形势下，农民的生活水平取得了一定提升，农业生产方式的改变使农村生活污水和生活垃圾的产量十分惊人，而且垃圾成分复杂，呈现多元化。我国农村的环保工作不被当地政府重视，农民的环保意识淡薄，公共卫生管理薄弱，加之农民不良的生活习惯等原因，造成农村生活垃圾随意乱丢、露天堆放，环境问题日益突出。

据国家环保总局 2005 年的调查和测算评估，我国乡村人口人均年粪尿、生活垃圾和生活污水产生系数分别为 0.821 t、0.255 t 和 22 t。随着农业生产中化肥施用量的增加，农村人粪尿、草木灰和畜禽粪肥的施用量均有明显减少。据统计，我国农村人粪尿使用率呈逐年下降趋势，越来越多的人粪尿未经任何无害化处理就直接排入自然环境，直接导致越发严重的水体污染、水富营养化及农村居民区充斥臭味臭气等。

目前，我国农村地区基础生活设施尤其是垃圾收集、处理设施等极其落后，绝大部分农村地区没有专门的垃圾收集和集中处理设施，没有污水排放管网和污水集中处理设施；农村环境管理还仅停留在中央及省级文件表述层面，且针对性较差，环境管理在农村基层还处于空白状态，加之部分农民环保意识相对较差等诸多因素，导致很多难以回收利用的固体废弃物，如旧衣服、一次性塑料制品、废旧电池、灯管、灯泡等被随意丢弃于路旁、水边。随着时间推移，混合垃圾腐烂、发臭、发酵，甚至发生反应，这不仅会释放出危害人体健康的气体，垃圾的渗滤液还会污染水体和土壤，进而影响农产品的品质，最终通过食物链影响人们的身体健康。

（四）农业生产废弃物污染

1. 农药污染

世界上从 19 世纪后期开始使用农药，到 20 世纪 40 年代中期开始使用现代的人工合成有机农药。农药已经成为现代农业不可或缺的生产投入品，其在防治农业病虫害、提高农产品产量等方面发挥着巨大作用，但农药施用也带来了严重的环境污染问题。

我国是世界上最大的化肥和农药施用国，且施用量呈逐年增加的趋势。我国平均每公顷耕地的化肥施用量是世界平均施用量的 2.6 倍，是美国的 2.3 倍。现代农业使用农药的量很大，品种复杂，而且地域分布范围广。经济越发达的地区，使用的农药越多。我国每年平均发生病虫害 27~28 亿亩次。我国从中华人民共和国成立后开始施用农药，农药施用量逐年增多。从表 1-2 可以看出，2007—2013 年我国农药施用量逐年递增，2012 年农药施用量达到了 180.61 万 t。

表 1-2　2007—2013 年我国农药施用量

年份	2013 年	2012 年	2011 年	2010 年	2009 年	2008 年	2007 年
农药施用量 / 万 t	180.19	180.61	178.70	175.82	170.90	167.23	162.28

来源：中华人民共和国国家统计局官网。

我国农药使用不合理是农药污染的主要因素。农药不但被大量使用，而且使用方法不科学，利用率较低，使用高毒、高残留农药过多。据 2005 年国土资源局提供的数据，以我国耕地面积为 18.31 亿亩计算，平均每亩施农药 0.797 kg，其中杀虫剂、杀菌剂、除草剂的使用比例约为 5 ∶2.5 ∶2.5（发达国家使用比例通常为 4 ∶2 ∶4），而且农药总量中化学农药占总量的 93.3%，生物农药仅占 6.7%，其中高毒、高残留农药占 30% 以上。此外，我国农药施药次数由过去每年 1~2 次，发展到现在的十几次甚至数十次以上；尤其是水果、蔬菜、花卉种植业，农药施用频率和总量非常大。

农药会附着在土壤颗粒上或是溶解于地表水中，经过雨水冲刷或是通过地表径流进入河流湖泊甚至大海中，或通过蒸发进入大气，或渗入地下水，这都会造成大气污染和水体污染。农药多为高毒的化学物质，对水体的污染会不同程度地毒害水中生物，使淡水渔业水域和海洋近岸水域的水质受到破坏；有的会影响鱼卵胚胎发育，使孵化后的鱼苗生长缓慢、畸变或死亡；有的在成鱼体内积累，使之不能食用和导致繁殖衰退；同时还可能污染饮用水，威胁人体健康。农药的有毒物质可以通过瓜果蔬菜表皮残留、鱼类等动物体内残留积累等途径通过食物链传递给人类或者其他生物，威胁人类的身体健康以及其他生物的生存。我国每年因农药中毒的人数占世界同类事故中毒人数的 50%。

直接向土壤或植物表面喷洒农药是农药最常用的一种使用方式，也是造成土壤污染的重要原因。在田间施用的农药，除少部分落于作物或靶标生物外，大部分农药直接进入土壤中。如果是进行土壤处理，则全部施于土壤中，这样便会造成田间的直接污染。另外，空气中的粉尘和降水也是土壤中农药残留的来源之一。大气中的残留农药和叶片上的农药经雨水淋洗落入土壤中，从而影响土质的腐熟和透气性，破坏土壤结构和土壤肥力，抑制植物生长发育。土壤中残留的农药不仅容易转入农作物中，还会对土壤中的有益微生物造成危害。

大量及长时间的农药作用会使害虫产生抗药性，从而使防治效果降低，这就需要不断增加用药次数、浓度和用量等，或者应用新的活性更强的农药，造成生态平衡失调、物种多样性降低，使农村本来就较脆弱的生态系统更加脆弱。

2. 化肥污染

化肥是指用化学方法制成的含有一种或几种农作物生长需要的营养元素的肥料，绝大多数为无机肥料，20 世纪 50 年代被规模化施用。但是，化肥如果大量使用或施用不当，会造成环境污染，具体表现为土壤残留，使得土壤性质改变，耕地的生产力下降；通过降水、地表径流或是渗入地下水，进入水循环中，造成水体的氮、磷含量增加，导致江河湖海的富营养化及地下水污染，造成水体生态环境的破坏。此外，化肥中含有的氮、磷元素也是造成温室气体排放的重要源头之一。

中国是一个人口众多的国家，粮食生产在农业生产的发展中占有重要的位置。根据中国国情，继续扩大耕地面积的潜力已不大。虽然中国尚有许多未开垦的土地，但大多存在投资多、难度大的问题，这就决定了中国粮食增产必须走提高单位面积产量的途径。施肥不仅能提高土壤肥力，而且也是提高农作物单位面积产量的重要措施。据联合国粮农组织（FAO）统计，化肥在对农作物增产作用的总份额中占 40%~60%。中国能以占世界 7% 的耕地养活占世界 22% 的人口，可以说化肥起到了举足轻重的作用。

随着农村生产结构的调整，我国农业对化肥的需求持续增加，2006 年中国全面取消农业税，随着粮食价格上升、粮食播种面积增加和农民种粮积极性提高，2006 年化肥需求达 5 000 万 t。2005 年 1~6 月中国化肥生产出现了良好的增长势头，全国化肥总产量达 2 411.98 万 t，同比增长 11.7%。其中，氮肥产量 1 752.49 万 t，同比增长 10.4%；磷肥产量 544.1 万 t，同比增长 9.6%；钾肥产量 113.4 万 t，同比增长高达 54.5%。

虽然中国在化肥总产量和总用量方面居世界第一位，但并不意味着中国在化肥合理使用技术上也处于第一的位置，反而是中国部分农村在施用化肥方面着严重不合理、不科学的问题，造成了化肥资源的浪费，增加了农业成本，不但使农民的经济利益受到损害，而且还造成了环境污染。

我国化肥的利用率不高，当季氮肥利用率仅为 35%。据联合国粮农组织的资料显示，1980—2002 年中国的化肥施用量增长了 61%，而粮食产量只增加了 31%。肥料利用率偏低一直是中国农业施肥中存在的问题。在我国，2002 年化肥施用量比 1980 年增加了 1.6 倍，而美国 2002 年的化肥施用量比 1980 年下降了 10.16%，我国的化肥施用量远远高于美国、加拿大、印度等国，而且和世界化肥施用量呈现下降趋势形成明显对比。虽然经过治理，我国的化肥产量及施用量都已经趋于稳定，但是为了满足农、林、牧、渔及工业的需求，化肥总产量仍在增长，但增长势头将放缓。特别是氮肥和磷肥行业，“十二五”期间略有增长，年均增长率 1%~2%，总产量仍然居高不下。2010—2014 年我国化肥总产量如图 1-4 所示。

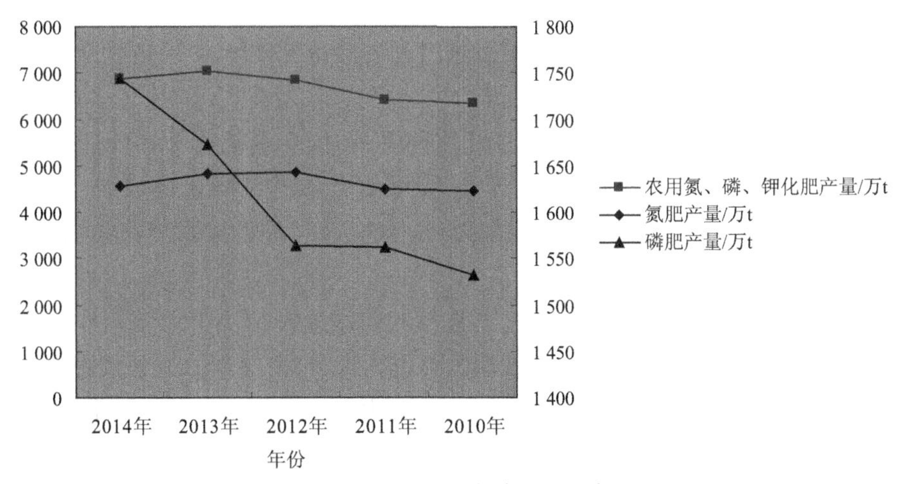

图 1-4　2010—2014 年我国化肥产量图

（数据来源：中国国家统计局官网）

化肥污染在我国的另一显著表现是施用量增长迅猛，氮、磷、钾肥施肥比例不科学、不合理。根据2010—2014年我国农用化肥折纯量图（图1-5）可见，2010—2014年这5年中我国化肥施用量明显增加，2014年化肥施用量比2010年增加了7.8%。此外，我国化肥施用存在氮、磷、钾肥施用配比不科学的问题。以2014年为例，氮肥施用量是磷肥施用量的2.8倍，是钾肥施用量的3.73倍。总体看来，氮肥是我国施用量和占比最大的化肥，由于氮元素在农田中会以多种价态存在，不宜固定、易流失，因此氮肥的施用是我国化肥污染的最主要方面，氮肥成为水体富营养化、硝酸盐残留超标等农业污染的主要污染物质。

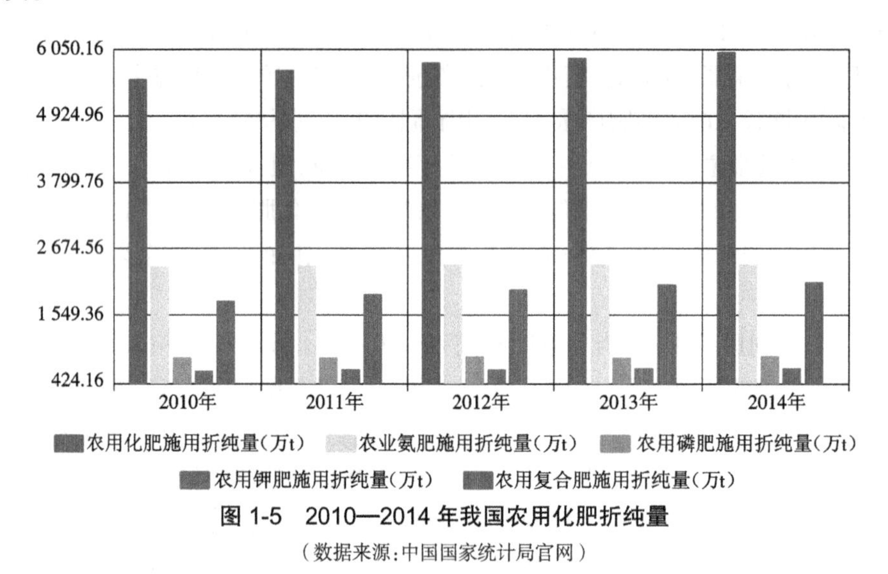

图1-5　2010—2014年我国农用化肥折纯量

（数据来源：中国国家统计局官网）

化肥污染对环境的危害主要如下。

（1）水环境污染。化肥中的无机物如氮、磷排放到河川、湖泊、内海等水体，会导致水中氮、磷含量增加，引起水域的富营养化，造成藻类等水生植物生长旺盛，水质恶化，导致湖泊、水库水体发黑变臭。此外，化肥残留物可以通过土壤渗透到地下水中，并通过降水、地表径流等途径污染水源，导致居民生活用水短缺。

（2）土壤污染。长期过量使用化肥，且品种单一时，会造成土壤物理性质恶化，导致土壤酸化。土壤溶液中和土壤微团上有机、无机复合体的铵离子量增加，并置换Ca^{2+}、Mg^{2+}等，使土壤胶体分散、土壤结构受到破坏、土地板结，并直接影响农业生产成本和农作物的产量及质量。

（3）导致大气中氮氧化物含量增加。我国氮肥使用量大，当施用于农田中时，有大部分的氮肥流失，一部分从土壤表面直接挥发成气体进入大气，另一部分氮元素进入土壤，通过土壤微生物的作用从难溶态、吸附态和水溶态的氮化合物转化成氨和氮氧化物，进入大气。氮氧化物是造成温室效应的罪魁祸首之一。

（4）污染食品、饲料及饮用水。使用化肥的地区，地下水或者河水中氮化合物的含量会明显增加，有的地区会超过饮用水标准，危害人体健康。此外，化肥的使用还会使农作物中的硝酸盐含量增加,如此一来,食品和饲料中的亚硝酸盐的含量也会增加,造成牲畜或者人体中毒。

3. 农膜污染

20 世纪 50 年代以来,农用塑料薄膜开始应用在农业生产中。由于农膜应用技术在保温、节水等方面能提高农作物的产量和质量,且效果显著,因此随着我国农业的不断发展,我国从 20 世纪 60 年代从日本引进薄膜种植技术,到 80 年代开始广泛应用在蔬菜、花卉等作物的栽培上。但是农用薄膜的主要成分是有机高分子聚合物聚乙烯组成的,物理特性较为稳定,因此在自然环境下自然降解十分困难,如果不加以科学处理,会对农业生产及生态环境产生不良影响。2009—2013 年我国农用塑料薄膜使用量如图 1-6 所示。

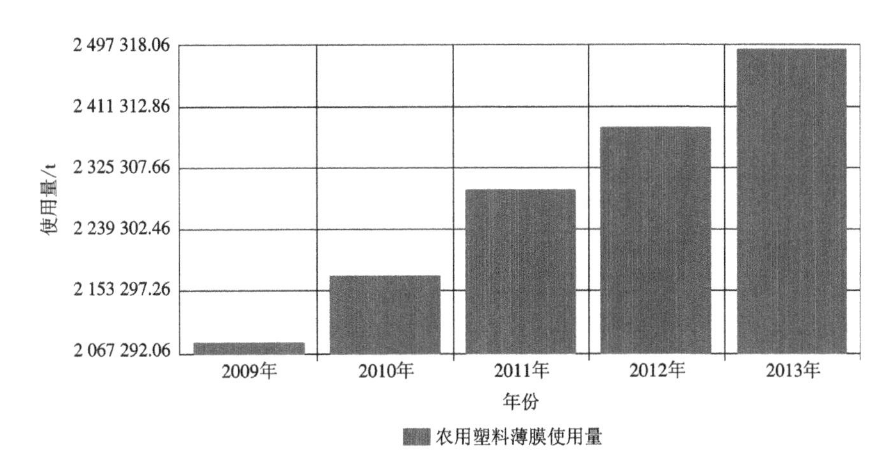

图 1-6　2009—2013 年我国农用塑料薄膜使用量

从图 1-6 可以看出,我国农用塑料薄膜使用量很大,且逐年增加。2013 年农用塑料薄膜的使用量达到了 249.73 万 t,比 1996 年农膜使用量(101.06 万 t)翻番增长。农膜的大量使用确实可以提升农产品的产量,但是在增加农民经济利益的同时也产生了大量的“白色污染”。由于在实际使用过程中,农民不了解农用塑料薄膜的危害性,又因为农膜废弃物回收成本较高且回收价值低廉,大多数农民都是随意地处理农膜废弃物,不会主动清理农膜废弃物。因此,大量的农膜残留物被弃于田间地头、露天河沟等地方,给土壤环境带来巨大的压力。我国农民对农用塑料薄膜废弃物的处理方式比例见表 1-3。

表 1-3　农民对农用塑料薄膜废弃物的处理方式比例

城市	回收	随意丢弃	焚烧	转卖	人工拾取
南京	50%	17.2%	0	0	32.8%
莱州	35.6%	18.6%	0	0	28.8%
晋中	0	40.7%	13.6%	0	45.7%

资料来源:周琳,《经济发展程度对农用地膜污染处理的影响研究》,发表于《安徽农业科学》。

农膜废弃物的自然降解周期是200~400年，当农膜废弃物不断积累在土壤中，土壤内非降解残留膜的数量达到土壤的承受极限时，土壤物理性状就会被改变，土壤结构被破坏，导致土壤肥力下降，影响农田机械耕作，进而损害农作物生长，造成农作物减产。随处丢弃残留的农膜还会因牲畜或其他生物的摄食而对这些生物健康乃至生命造成伤害，部分农膜的化学毒性会对人体和动植物造成伤害。当农膜残留物被风吹到田边、地角、水沟、池塘及河流里，或吹挂在树枝上，不仅会造成视觉污染，还会影响环境。

第三节　农业废弃物污染防治现状及问题

一、国外农业废弃物污染防治现状

随着自然资源的日益短缺，全球农业迅速发展，导致农业废弃物的数量剧增，已经严重威胁到生态环境。所以，农业废弃物污染防治及资源化利用越来越多地受到各国重视。世界各国政府针对农业废弃物运用了行政、法律和技术等多种手段进行综合管理，以达到污染防治的目的。

（一）日本农业废弃物污染防治现状

日本是一个资源极度匮乏的国家，因此日本对一切有利于国家发展的资源都极为珍惜，日本政府不允许浪费任何可以利用的资源，日本政府的政策扶植加上全民环保理念的灌输，使日本在废弃物处理方面形成了一套完整成熟的运作体系，并通过法律、政策进行管理。这对农业废弃物处理模式尚不成熟的中国而言，具有很强的借鉴作用。

1. 日本循环经济法体系

日本其实并没有专门的有关农业废弃物综合利用与管理的立法，但是其循环经济法完全可以体现出对农业废弃物管理的立法精神。

在自然资源的承载能力和生态环境的容量限制下，如何使人类需求得到理性满足，同时自然环境仍能维系良好的经济模式，是各国都在努力探索的，日本也是如此。

1994年，日本政府在《公害对策基本法》（1976年）的基础上制定了《环境基本法》，将“可持续发展”的环境保护理念作为立法的核心精神。该法将环境保护、经济发展与社会进步有机结合，对之后日本的循环经济立法起到了重要作用。

2000年6月，日本在“环保国会”上公布施行了《建立循环型社会基本法》。该法在《环境基本法》的基础上，立足于日本环境与资源的现实情况，以可持续发展为宗旨，提出了建立循环型经济社会的战略目标，并提出了建立循环型经济社会的根本原则，即“促进物质的循环，以减轻环境的负荷，从而谋求实现经济的健全发展，构筑可持续发展社会”。

《建立循环型社会基本法》规定了“确立排放者责任”和“扩大生产者责任”原则，要求国家、地方政府、企业以及个人都应该共同合理地承担责任，无论是企业的生产经营活动，还是公众消费行为等都要避免废弃物产生，要尽可能地实现可循环利用的生产消费方式。该法还确立了抑制产生—再使用、再生利用—回收—妥善处置的循环资源法定基本顺序，用立法促进循环型经济社会的建设，从根本上解决环境与发展的长期矛盾。

《建立循环型社会基本法》在日本的循环经济法律体系中具有宪法性质。1990年日本修改了两部综合性循环经济法来实现“既维护健全丰惠的环境，又减少对环境的负荷”这一目标。这两部位于循环经济法律体系第二层的综合法分别是《资源有效利用促进法》和《固体废弃物管理和公共清洁法》。

《资源有效利用促进法》是在1991年日本制定的《再生资源利用促进法》的基础上修订的。因为在20世纪90年代，日本的再生资源价格较低，出现了回收物有偿交易的现象，所以《再生资源利用促进法》并没有使日本的废弃物减少，同时回收利用工作也没有得到重大收获。因此，日本政府先后在1993年和1999年两次修改《再生资源利用促进法》，并在2000年将其更名为《资源有效利用促进法》。此法要求原材料再生利用遵循3R原则，要求企业从产品设计阶段就要考虑到减少废弃物产生、废弃物回收再利用等方面，同时对个人废弃物也有相应的要求，并且规定了如不执行本法，则会采取不同程度的处罚管理措施。该法最终是为了实现日本国民的经济健全发展服务的。

《固体废弃物管理和公共清洁法》是1970年日本议会制定的，该法于1974年、1976年、1997年和2000年先后进行过四次修订。该法是日本开始对各种废弃物进行管理的法律，也被视为日本循环经济立法的源头。这部法律鼓励废弃物减量，扩大再生利用领域，简化设备设置许可，增加公众对改善废弃物处理设施的参与度，严格废弃物的管理等。

日本循环经济法律体系的第三层是根据各种产品性质制定的专项法律，共有五部，分别为《促进容器与包装分类回收法》《家用电器回收法》《建筑及材料回收法》《食品回收法》及《绿色采购法》。

《促进容器与包装分类回收法》是1995年首次颁布的，先后在1997年、1998年、1999年和2000年进行过四次修订。该法主要针对占普通废弃物20%~30%的容器和包装的回收利用，最初对玻璃瓶和PET瓶生效，且主要是针对较大型企业。2000年该法修订时将容器与包装的种类扩大，并将实施范围扩大到中小型企业。该法是针对从家庭产生的一般废弃物及容器和包装废弃物的回收再生利用而制定的，该法规定了消费者和市、镇、村、企业各自的权利和义务。

《家用电器回收法》是针对日本有大量电视、冰箱、洗衣机和空调四大电器废弃物这一情况于1998年制定的法律。该法的主要目的是促进家用电器的回收利用，规定了电器生产商和进口商的责任，要求生产企业必须回收其生产的废旧家用电器，并安排合适的场所存放，用户需要向厂家交付少量的处理费用。此法体现了制定法律的原则，对改善生活环境以及促进国民经济的健全发展起到了重要作用。

《建筑及材料回收法》于2000年颁布，包含了强制分类回收拆迁建筑物的建材碎片等，强制在现场对建筑垃圾进行分类，制定回收计划促进回收等。该法主要是为了促进建筑物的分类回收，防止建筑废弃物非法丢弃，缓解了垃圾最终处理场的压力。

《食品回收法》于2000年制定，主要针对当时日本的食品严重浪费现象。据统计，日本每年会产生2 000万t的食品废弃物，食品平均浪费率为5.1%，且回收利用率低，多采取填埋、焚烧等简单处理方法，对环境产生了影响。而该法的出台主要是为了抑制食品废弃物的排放，缩小废弃物体积，减少最终填埋量，并将其作为饲料、肥料再利用。该法规定了企业、消费者和政府的责任和义务。

《绿色采购法》也是2000年颁布的，主要是为了促进国家机构采购环保产品等，最大限度地提供绿色采购信息等来减轻环境负担，以形成可持续发展的循环型社会。

2. 日本对废弃物综合管理的现状

1）废弃物分类

日本将废弃物分为工业废弃物和家庭废弃物两大类。工业废弃物主要是由废弃物产生来源的生产者进行处理，家庭废弃物则是由政府相关部门进行处理。

2）处置废弃物的管理部门及其职责

日本在构建循环型社会的过程中遵循可持续发展的环保理念，在《建立循环型社会基本法》的基本原则上，明确了中央政府、企业和公众各自的职责，以促进废弃物减量、再利用、再循环和适当处置，防止产生污染，促进再循环产品的利用。根据此精神，日本政府在环境省下设废弃物管理和再生利用部，其主要工作是控制废弃物产生、促进废弃物再生和循环利用、合理处置废弃物，以保护生态环境和充分利用自然资源。日本废弃物管理部门机构架构如图1-7所示。

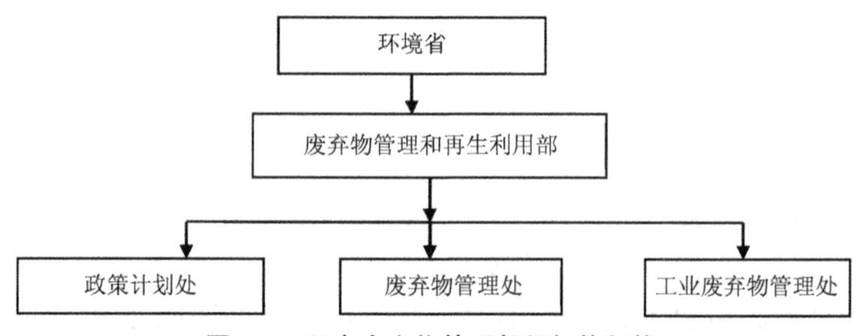

图1-7　日本废弃物管理部门机构架构

废弃物管理和再生利用部的主要职责有：①针对废弃物污染现状，解决环境与不断增长的废弃物之间的矛盾；②通过制定或修订法律法规等手段解决废弃物管理的诸多问题；③制定相应的管理措施，实现废弃物减量的目标；④促进废弃物的循环利用计划；⑤促进循环型经济的建立，其中包括废旧家用电器的再生利用，包装的废弃物循环利用，建筑废弃物、食品垃圾等的资源化利用等；⑥生活污水处理。

3）日本废弃物管理的相关政策

在《建立循环型社会基本法》的基础上，日本政府为了使基本法的基本路线与各个具体措施之间能够有效衔接，在2003年制定了《循环型社会形成推进基本计划》，该政策在综合地、有计划地推进循环型社会形成措施的执行中起到了核心作用。

此外，日本在1999年和2001年先后制定了一系列循环资源再利用的政策，如《特定家用电器废弃物的收集与运输以及再商品化等的基本方针》《关于促进资源有效利用基本方针》《关于促进容器包装废弃物的分类回收及符合分类包装物的再商品化的基本方针》与《促进食品循环资源再生利用等的基本方针》。

日本政府为了实现循环型社会，不但在《建立循环型社会基本法》的基础上制定了一系列法律法规，还制定了很多强有力的扶持政策，来鼓励企业与公众能够更好地履行义务。

首先，设置了很多奖励政策，如为了鼓励日本民众对回收废弃物有积极性，设立了资源回收奖，政策实施后确实收到了良好的效果。其次，为了促进生产企业发展循环经济，对有所成就的企业，给予相应的税收优惠政策，以此鼓励。此外，日本还实施了价格优惠政策，如对于废旧物资实施商品化收费等。

3. 完善的废弃物回收制度

日本在废弃物回收再利用方面在全世界处于遥遥领先的地位。从 1980 年开始，日本就建立了一套完善的废弃物分类制度。至今，日本是世界上垃圾分类回收做得最好的国家，赢得了“零垃圾”的美誉。

在日本，废弃物按照不同类别与指定时间分别置放于指定地点进行回收。废弃物基本上分为四类：①一般垃圾，包括厨余类、草木类、容器类、塑料类废弃物；②可燃性资源垃圾，包括报纸类、纸箱、纸盒、杂志类、旧布料类等；③不燃性资源垃圾，包括饮料瓶（铝罐、铁罐）、茶色瓶、无色透明瓶、可以直接再利用的其他瓶类；④可破碎处理的大件垃圾，包括小家电类（电视机、空调机、冰箱 / 柜、洗衣机等）、金属类、家具类、自行车、陶瓷类、不规则形状的罐类、被褥、草席、长链状物（软管、绳索、铁丝、电线等）等。

日本的垃圾分类制度中，垃圾不仅分类精细，回收及时，而且不同类别的垃圾处理都有具体的要求。如牛奶盒尽量回收到设在超市门口的回收箱；装有荧光棒、干电池、体温计的垃圾口袋上必须注明“有害”二字，未使用水银的体温计属于“不可燃垃圾”；处理大型垃圾需要打电话预约，并支付一定处理费等。在回收方面，即使没有设分类垃圾箱，也会对扔垃圾的特定时间、特定地点、特定垃圾袋有明确规定，并由专人及时拉走。

其次，日本对废弃物回收管理到位，措施得当。日本居民每年 12 月底都会收到政府制作的垃圾回收小册子，小册子用鲜明的色彩和可爱的卡通形象告知居民不同种类垃圾回收的处理方法以及回收时间等。比如对于碎玻璃、碎瓷片，必须把它们装在厚厚的不易被刺破的透明袋子里，再把袋子口扎结实才能扔掉。

日本的废弃物有偿回收制度就是废弃物制造者在排出废弃物的时候需要向回收部门缴纳一定的费用，费用按照计量回收、定额回收或者多量回收这三种制度计算。有偿回收制度是为了让大家自觉地少制造大型垃圾，并且减轻财政开支。在日本，随着时代的发展、社会文明程度的提高，人们保护环境和改善环境的意识增强，日本民众对于垃圾分类回收是这样说的：“国家没有义务为我们个人的垃圾买单，不征收垃圾费，为什么要替我们处理剩下的垃圾呢。”由此可见，在日本，垃圾分类已经成为老幼皆知的事情，已经成为日本人的一种生活习惯，大家都自觉、认真、细致地做到垃圾分类回收。

（二）欧盟农业废弃物污染的防治现状

1. 欧盟废弃物综合防治法律法规

欧盟是世界上具有重要影响的区域一体化组织，目前拥有法国、德国、荷兰、英国、丹麦、瑞典等多个成员国。根据欧盟统计局数据表示，欧盟每年约产生工业废弃物 13 亿 t，农业、林业废弃物等约 1 亿 t。欧盟的废弃物产生量逐年增长，预计到 2020 年可能会在 1995 年的水平上提高 45%。在欧盟，农业废弃物有传统的废弃物再利用方式，或者直接回到土地，或者进入其他部门再利用。

经济与环境之间有着不可分割的联系，因此欧盟不仅在致力于推进区域一体化上，更在环境法律政策方面协调各成员国。其中，废弃物管理和相关治理是欧盟环境政策和法律制定中一个重要领域。欧盟的废弃物管理政策和法律具有鲜明特色。《欧洲共同体条约》第 174 条规定："共同体环境政策应在考虑共同体不同地区形势多样性的情况下瞄准一个高水平保护。它应当建立在风险预防原则和采取预防行动原则、环境破坏优先在源头纠正和污染者付费原则的基础之上。"因此，废弃物立法的目标和原则是高水平环境保护、环境损害的预防和补救以及污染者付费原则。由此可见，欧盟的废弃物管理目标具体、明确，具有先进性。

1）《废弃物框架指令》

欧盟的法律有许多形式，其中指令是其设定的目标和时限，对所有的成员国具有法律约束力，但实现目标的具体方式和方法由各个成员国自由选择。为了实现指令所确定的目标，成员国必须采取立法行动。第 75/442/EEC 号《废弃物框架指令》就是欧盟在 1975 年颁布的关于废弃物的指令。该指令确立了废弃物管理的基本目标，并先后多次进行修订：1991 年修订为第 91/689/EEC 号《有关有害废弃物的指令》；2000 年修订为第 2000/532/EC 号《有关废弃物列表的决定》。2013 年欧洲环境署（EEA）发布的《欧洲的废弃物预防计划 》（EEA Report No 9/2014）表明，截至 2013 年底，欧洲 31 个国家中有 18 个已按照欧盟的《废弃物框架指令》的要求，启动了 20 个国家级和区域性的废弃物预防项目。 欧洲环保署根据该指令，定期对废弃物预防项目进行评估。据介绍，废弃物类型包括各产业生产的废弃物，主要有市政生活垃圾、厨房垃圾、建筑拆迁废弃物、废弃电器、包装废弃物和危险废弃物等。 据悉，欧洲废弃物政策中的"废弃物层级"是将废弃物处理按优先顺序排出，首要目标是预防产生并降低废弃物，然后才是回收和循环利用。 这赋予了预防产生废弃物最高的优先权。根据欧盟的《节约型欧洲发展蓝图》，截至 2020 年 ，欧洲将完全杜绝废弃物产生。

2）《废弃物政策决议》

决议在欧盟通常是针对特定的成员国、企业、个人或特定的事项，而制定决议的内容就其所针对的对象而言，具有完整的法律约束力，且无须国内立法。

1990 年欧盟通过了《废弃物政策决议》，强调欧盟制定一个以保护环境为主旨的综合性废弃物政策的重要性。该决议包含众多内容，其中有：鼓励废弃物的再利用、再循环或可降解材料的使用以及废弃物收集与处理系统的开发；从预防、循环和再利用的角度出发，为特殊类型的废弃物治理确立行动计划，充分考虑经济、社会和环境的影响，并适用"污染者付费原则”等。

3)《朝向废弃物预防和循环的主题战略》

2003 年欧盟发布该战略,在 2005 年欧盟又通过一个新的废弃物管理政策,主要是针对欧盟废弃物的循环再利用,从而减少因废弃物引起的对环境的负面影响。该战略主要是简化了立法框架,去除了各个法律的重叠内容。其次是为了预防废弃物的负面作用,抑制废弃物的产生,减少环境压力。最后,也是最重要的,是促进废弃物的循环利用,以促进可持续发展。

4)欧盟特定类型废弃物立法

欧盟有一系列关于特定类型废弃物的法律法规,主要涉及废油、二氧化钛行业废弃物、污泥、含危险废弃物的电池和蓄电池、包装及包装废弃物、废弃车辆、在电子和电器设备中限制使用的某些有害物质等,如 1975 年立法的关于废油处置的指令, 1978 年关于污泥农用的指令《污水污泥农业使用时的环境保护,特别是土壤保护指令》, 2000 年第 2000/53/EC 号关于废弃车辆的指令,2002 年第 2000/95/EC 号关于在电子和电器设备中限制使用某些物质的指令等。

5)欧盟废弃物处理立法

欧盟还有主要涉及废弃物填埋、焚烧,废弃物及货物残留物的港口接收装置等废弃物管理作业处理法律。其中 1999 年的《废弃物填埋指令》主要是针对废弃物土地填埋处理制定的标准,确立了废弃物和土地填埋场的运营与技术要求,规定了措施、程序和技术指南,从而在土地填埋场整个生命周期内,尽可能预防与减少废弃物土地填埋对环境的不利影响,特别是对地表水、地下水、土壤和大气的污染,对全球环境的不利影响,包括温室效应以及人类健康的危害。此外,相关立法还有 2000 年的《欧盟废弃物焚化指令》等。

总之,欧盟的废弃物管理法律体系比较完善,而且每项法律中提出的要求也是细致且具体的。

2. 欧盟废弃物的管理政策

欧盟的废弃物管理政策主要体现在六个环境行动计划中,主要是尽最大可能降低废弃物产生量以及对无法避免的废弃物的要求和处理办法。欧盟对于废弃物管理的政策原则是先预防、后回收、最后处理。

对于废弃物预防,欧盟采取的措施主要有:鼓励利用经济手段,如对于能够产生大量废弃物的产品以及生产过程征收生态税,通过实行绿色购买政策等对消费者的需求产生影响,使居民尽量少购买能够产生大量废弃物的产品。

欧盟针对废弃物回收方面的政策主要针对包装废弃物和废弃车辆,主要是要求生产商建立废弃物的回收体系,并对废弃物进行回收利用以及对无法再利用的废弃物进行集中处理。

欧盟的成员国也会根据自己的国情制定符合实际情况的废弃物管理政策。欧盟成员国英国在 2001 年由环境局发布了《朝向可持续的农业废弃物管理》。该政策的目标主要是促进英国可持续农业废弃物管理的有效战略发展,包括核对有关农业废弃物和当前实践的信息，识别和评估农业废弃物管理的选择，回顾所选的其他欧盟成员国的废弃物处理经验，对英国废弃物处理战略进行建议等。该政策对废弃物管理的做法（田间焚烧、堆存和填埋，还包括生活废弃物的收集）进行了高层次的分析及建议。

3. 欧盟废弃物综合治理的主要机构职责

欧盟对废弃物综合治理的主要机构是欧洲环保署，其主要工作是收集和处理废弃物的相关数据，并根据数据形成一系列用于衡量废弃物产生和处理的报告，还针对废弃物相关的课题进行研究并发表相关报告。

4. 欧洲环保署对于废弃物管理的基本原则

欧洲环保署对于废弃物管理的基本原则是：首先通过改进产品设计在源头减少废弃物的产生；其次是鼓励废弃物的再生利用；最后是减少废弃物焚烧产生的污染。欧洲环保署对废弃物产生者赋予更多的责任。如在国际事务中，《保护东北太平洋区域海洋环境公约》首次缔约方会议也采纳了上述建议。该会议的任务之一是讨论拆除和处置海岸油钻井装置和天然气平台。会议参与者一致认为这些装置对环境有害，拆除费用应由所有者承担。欧洲环保署已列出了优先控制废弃物名单，如包装废弃物、电池、矿物油等，各种处理废弃物的方法（如焚烧和填埋）已为欧盟所认可。欧盟是控制危险废弃物越境转移及其处置的《巴塞尔公约》的成员，禁止危险废弃物从本国出口到其他国家，即使此种废弃物是以处置、再生为目的的[①]。

5. 欧盟废弃物处理的主要方法

欧盟各国根据自己的废弃物的实际情况，制定了相应的政策，以符合实际情况的方式方法进行废弃物的处理，如产品以及物质的循环利用、有能量回收的焚烧、分类收集等资源化处理技术等。如法国根据资源化原则、减量化原则、就近原则、自产自销原则以及污染付费原则五方面原则来制定本国的废弃物管理法规，在资源再生方面，法国主要采取堆肥技术和能量回收技术。

（三）美国农业废弃物污染防治现状

1. 美国废弃物综合防治法律法规

美国是由50多个地区组成的联邦国家，美国的立法由联邦立法和州立法独立的系统组成。因此，对于废弃物综合防治的立法也是由两部分系统完全独立地进行管理。但是在美国没有专门针对农业废弃物资源化利用的立法，农业废弃物管理都是通过与农业、养殖业相关的法律（如《清洁水法》等）体现出来的。在美国针对固体废弃物管理、水污染、大气污染等有关的法律和管制权力对于农业废弃物的防治有着深远的影响。

1）《资源保护与回收法》

《资源保护与回收法》（Resource Conservation and Recovery Act，RCRA）是1976年美国国会确定的法案，此法案可以称为美国固体废弃物管理的基础性法律，主要是为了解决美国日益增长的城市和工业废弃物问题，以保护人类健康和环境免遭废弃物处置带来的潜在危

① 国家环境保护总局污染控制司. 固体废弃物管理与法规——各国废弃物管理体制与实践[M]. 北京：化学工业出版社，2004.

害，保护能源和自然资源，减少废弃物产量，确保以环境友好的方式管理废弃物。

《资源保护和回收法》是美国固体废弃物管理的基础性法律，主要阐述了由美国国会决定的固体废弃物管理的各项纲要，并授权美国环保局为实施各项纲要制定具体法规，建立美国固体废弃物的管理体系。在RCRA中第一次将废弃物管理分成了两大类：① C——第一危险废弃物；② D——非危险废弃物。美国固体废弃物的管理体系保证了在固体废弃物处置过程中保护人类健康和环境，通过废弃物回收和利用回收能源和自然资源减少或消除固体废弃物的产生；保证了固体废弃物在对人体健康和环境无害的条件下得到控制。

同时，RCRA这部法律也涉及农业废弃物的管理和促进废弃物循环和减少的经济刺激，但是并没有更为详尽的措施，只有原则性的表述。

2)《超级基金法》

《超级基金法》也叫《综合环境反应、赔偿和责任法》，本法是1980年12月由美国国会通过并签署的，主要是应对美国日趋严重的环境污染危机和响应公民的环境保护运动。

《超级基金法》不但建立了第一个综合联邦紧急授权和工业维护基金，还建立了一套反应机制——立即清除因事故性溢流或因堆放危险废弃物而造成的危险废弃物污染。为了达到这个目的，一些要求就被加到了危险废弃物处理者身上。

但是《超级基金法》以及其修正案主要的管制对象是工业和城市废弃物，并没有涉及农业废弃物的管理与综合利用，也没有提及农业废弃物的概念。

3)《清洁空气法》

《清洁空气法》是美国1970年颁布的，1990年进行修订。本法的其中一个目标就是减少引起酸雨和消耗平流层臭氧的气体，如来自农业和养殖业生产活动中的氨。这一目标对于农业生产者来说是极为重要的。

4)《清洁水法》

1977年，《清洁水法》确立了美国国家污染物排放削减的系统，1980年5月，美国国家污染物排放削减体系许可要求与环保局的其他许可计划进行了合并，主要是将规模化畜禽和水产生物养殖经营活动确定为需要取得许可的点源污染，但是农业活动并不需要服从国家污染物排放削减系统许可程序。

2. 美国农业废弃物的管理政策

1)美国农业部对水质管理的政策

美国农业部对地表水质管理的政策主要是支持营养素和其他农业化学品的谨慎和细心管理，并提倡和扶持避免地表水污染的项目、活动和实践。

《水土保持局污染物控制技术援助指南》旨在为食品加工废弃物和畜禽养殖废弃物的管理提供适当的技术援助。

2)《农业废弃物管理实践标准》

《农业废弃物管理实践标准》在美国《国家保护实践标准手册》中已经做出规定。例如，废弃物管理系统的目的是用系统方法和必要的实践，使废弃物可以被适当地管理，以阻止大气、水、植物或者土壤资源等环境的恶化。废弃物利用是以环境可以接受的方式在陆地使用畜禽养殖废弃物或其他农业废弃物，同时维持或改善土壤资源和植物的生长环境。

3)农业废弃物管理系统

农业废弃物管理系统在解决农业废弃物的处理问题的同时，需要与资源管理系统的其他子系统交叉或关联。在规划农业废弃物管理系统时，水土保持局的主要目标是帮助生产者获得更广泛的自然资源，必须结合土壤、水、空气、植物和畜禽的各种特征制定政策。

二、我国农业废弃物污染防治的现状及问题

在我国，长期以来人们对农业废弃物污染防治并不重视，导致目前我国农业污染形势非常严峻。我国的江河湖泊已经受到农业源污染，七大水系的 60% 以上已经被污染， 70% 左右的湖库水质属于劣五类的水质。面对严重的污染问题，在导致诸多直接环境污染后果的同时，随着农业污染的加重和污染损害后果的更加直接，越来越多的普通民众的环境保护意识开始觉醒，对环境保护的主动性开始增强。因为各种因素，我国目前的污染治理还是任重而道远。

20 世纪 80 年代，我国农业生产从传统的农耕方式转变为现代化集约方式，农业环境问题日益显现。随着农业的快速发展，不合理的生产方式等原因使得农业生产向环境排放了大量的有害废弃物，随着农业废弃物产生数量的增加，环境恶化愈加突显。1989 年颁布的《中华人民共和国环境保护法》中明确规定合理使用农药、化肥等农业生产投入。以此为基础，我国提出发展生态农业的举措，控制农药、化肥、农膜等对农田和水源的污染，切实减少面源污染物对“三河”“三湖”等重要水体的污染。

20 世纪 90 年代后期，农业生产造成的环境污染已经成为一大顽疾，农业污染被列为环境管理的重要组成部分，并得到了环境保护部门的重视，国家先后出台了一系列的法规措施。如于 1995 年分别发布了地方性的《农药经营使用管理规定》和《畜禽养殖污染防治管理办法》。1998 年，国家环保总局联合国家经贸委制定了秸秆焚烧的管理办法，开始对农作物秸秆焚烧产生的大气污染问题进行管理。2000 年，农业部发布《肥料登记管理办法》，对肥料产品的准入提出了环境管理要求，加强了对肥料使用的环境管理。2001 年，国家环保总局发布了《畜禽养殖业污染防治管理办法》，对畜禽养殖造成的水污染和固体废弃物污染问题提出了强制性的管理要求，并联合国家质检总局发布了《畜禽养殖污染物排放标准》。

此外，我国在立法上针对农业废弃物防治的规定并不系统，对政府在农业废弃物防治中的管理和组织责任也没有特别规定，同时也缺乏相应的监管机制。

中央政府对治理和防控农业废弃物污染的积极性很高，并将全国作为一个整体来立法或出台相关规定政策，然后要求地方政府执行，但是作为农业环境保护和污染防控的基层政府，在面对复杂的状况时，可能会采取与中央政府不完全一致的行动，不能达到预期目标。

我国农业废弃物防治管理机构相对匮乏。在《中华人民共和国环境保护法》的规定下，省、市级政府建立专门的环境机构，工业较集中的县、镇一般也设立专门的环保机构或由有关部门兼管，甚至在较大的工矿企业也设有环保科、室与环保专职人员。但在农村，绝大多数乡镇没有环境保护机构，环境监测和环境监理工作基本上处于空白状态，县级环保部门较

少在其所辖村镇设立派出机构，农村环境管理人员的配备、经费的落实等明显不足。

第四节　农业废弃物的利用现状及问题

农业废弃物从资源经济学来讲，是一种特殊形态的农业资源，是农业生产中不可避免的一种非产品产出。在未来20年，我国农业废弃物产生总量将呈现持续增长，预计到2020年全国农业废弃物年产量将超过50亿t，其中秸秆每年将达到9.5亿~11亿t，畜禽粪便每年将达到41亿t。由此看来，农业废弃物在我国农村地区是一种极为可观且形态特殊的可再生资源，具有巨大的潜力。农业废弃物资源化综合利用还可延长农业产业链和产品链，提高资源利用效率，解决饲料、肥源、能源问题，提升农副产品的附加值，促进农业清洁生产，减轻环境处理负荷，全面消除废弃物的直接污染，保护农业生态环境，以较低的物能消耗取得最佳的生态、经济、社会效益。基于如此大的优势，全世界都十分重视农业废弃物的综合利用技术开发与推广，以获得最大的效益。

我国农业部在关于农业科技发展"十二五"规划（2011—2015年）发展目标中明确指出，要显著加强农业资源利用和生态环境保护，主要农作物秸秆综合利用率达到80％以上，畜禽养殖废弃物资源化利用率达到60％以上，农业生态环境显著改善[①]。

一、农业废弃物资源化的潜力

目前，我国农作物秸秆年产生量为7亿t左右，畜禽粪便年产生量约为26亿t，乡镇生活垃圾和人类粪便产生量为2.5亿t，肉类加工厂和农作物加工废弃物产生量为1.5亿t，林业废弃物为0.5亿t，其他类有机废弃物约0.5亿t。我国产生的农业废弃物按目前的沼气技术水平能转化成沼气3 111.5亿m^3，户均达1 275.2 m^3，可解决农村的能源短缺问题。以农作物秸秆为例，若将5亿t秸秆转化为电能，以1 kg秸秆产生电1 kW·h计算，就有产电能5亿kW·h的潜力；作为肥料可提供氮2 264.4万t，磷459.1万t，钾2 715.7万t，可见农业废弃物蕴含着丰富的营养成分，是"放错位置的资源"。

二、农业废弃物资源化的现状

我国农业废弃物再利用有着悠久的历史，堆肥和沼气技术在传统的生态理念指引下被广泛使用。同时，随着科技的发展和人们环境保护意识的增强，又有新技术被利用，同时由于我国幅员辽阔，农业废弃物资源化利用的途径也呈多样化。目前，我国农业废弃物资源化利用主要是朝着能源化、肥料化、饲料化、材料化、基质化等方向发展。

（一）能源化

近年来，我国主要是将农业废弃物通过生物发酵制备沼气，比如利用粪便产生沼气发电，燃烧秸秆产生热能供热，将有机垃圾混合燃烧发电等。沼气除了可供日常生活使用外，还可以进行大棚温室种菜、发电、孵化雏鸡、车用燃气供应等。研究表明，农作物秸秆、蔬菜

① 张野，向铁光，何永群，等. 农业废弃物资源化利用现状概述[J]. 农业研究与应用，2014（3）：65-68.

瓜果残体和畜禽粪便都是制备沼气的好原料。但是这种方式的农业废弃物利用率相对较低。目前,更多的是将农业废弃物的生物质通过化学、物理等技术转化成生物乙醇等能源。生物质能源是仅次于煤炭、石油、天然气的第四大能源,在世界能源消费总量中占14%。生物质能源作为一种清洁、可再生资源受到全世界的重视。农业废弃物含有丰富的有机物质,其是生物质的一部分,也是农村能源的重要来源。农业废弃物生物质的主要成分包括纤维素、半纤维素等,具有产量大、再生周期短等优点,可以采用热转化、生物转化等方法,将其转化为生物柴油、燃料乙醇等含氧燃料以替代化石燃料;将木质废弃物经高压压缩成棒状、颗粒状的质地坚硬的成型物,该成型燃料可以用于锅炉、家庭取暖等;还可以通过直接气化,将其转变为电能进行利用。

因此,农业废弃物再利用不仅具有可行性,也具有必要性。大力提倡农业废弃物的再利用不仅可以节约化石能源,缓解能源供给矛盾,保障国家能源安全,同时也是保护环境和实现环境友好社会的需求。

(二)肥料化

我国人民利用农业废弃物制作堆肥已有数千年历史,主要是使用人畜粪尿和植物茎叶等制作肥料,用于农田耕作。堆肥是利用各种植物残体(农作物秸秆、杂草、树叶、泥炭、垃圾以及其他废弃物等)为主要原料,混合人畜粪尿经堆制腐解而成的有机肥料。因此,农业废弃物肥料化在提高土壤肥力、增加土壤有机质、改善土壤结构等方面具有特殊优势。

农业废弃物(废渣、杂草、废菜叶、瓜果皮等)做成堆肥后,其汁液经安全处理后可制成液体肥料。堆肥处理后,沼气池中的固体残渣经处理后可制成有机肥。基于农产品安全生产对有机肥的巨大需求、高蛋白饲料源短缺等现实情况,结合畜禽养殖排泄物的特点和特性,通过猪和鸡粪便繁殖蝇蛆养殖生物脱水处理工艺、对牛粪添加吸水的农林废弃物纤维素类辅料、高温好氧发酵堆肥化处理及有机肥产业化方式,快速使这些废弃物腐熟、稳定,经干燥、粉碎等工艺获得优质的蝇蛆生物蛋白和商品有机肥料(符合NY 525—2012),在作物施肥、土壤改良及耕地地力提升、农产品品质提高和中低产田改造中发挥积极作用,并可进一步开发出多种功能有机肥、多种作物复合专用肥等产品。另外,肥料化研究还有秸秆等植物纤维类废弃物沤肥还田技术研究和农作物秸秆整株还田、根茬粉碎还田技术研究等。

(三)饲料化

农业废弃物除了秸秆还田和饲养牲畜外,因其富含丰富的蛋白质和纤维类物质等营养成分,经过适当的技术处理后可以作为饲料使用。根据成分分类,农业废弃物饲料分为植物纤维性和动物性两种。

植物纤维性废弃物主要是指农作物秸秆。当前,我国秸秆的饲用量约为1.6亿t,相当于3.67亿hm^2。秸秆本身可以直接作为饲料喂养牲畜,同时因其含有纤维类物质和少量的蛋白质,可以利用机械加工粉碎、氨化、氧化、青贮、发酵、酶解等理化方法和生物化学方法对其进行复合处理,对动物难以高效吸收利用的秸秆类物质进行深加工,提高其适口性和营养价值利用率。例如,玉米秸秆经过青贮技术处理后制作的饲料在口味、营养及生物化学功能上独具特色,用其饲喂奶牛产奶量可增加10%~20%。

动物性废弃物的饲料化主要指畜禽粪便和加工下脚料的饲料化，这些废弃物中含有未消化的粗蛋白、消化蛋白、粗纤维、粗脂肪和矿物质等，而且还含有大量的维生素B12，它们经过热喷、发酵、干燥等方法加工处理后可掺入饲料中。鸡粪由于具有较高的蛋白质含量和齐全的氨基酸种类，已成为一种最受关注的非常规饲料资源。

（四）材料化

利用农业废弃物中的高蛋白质资源和纤维性材料可生产多种生物质材料，如利用农业废弃物中的高纤维性植物废弃物生产纸板、人造纤维板、轻质建材板，通过固化、炭化技术制活性炭，生产可降解餐具材料和纤维素薄膜；利用稻壳作为生产白炭黑、碳化硅陶瓷、氮化硅陶瓷的原料；利用棉秆皮、棉铃壳等含有的酚式羟基化学成分制成聚合阳离子交换树脂吸收重金属。

（五）基质化

玉米秸、稻草、油菜秸、麦秸等农作物秸秆，稻壳、花生壳、麦壳等农产品副产物，木材的锯末、树皮以及甘蔗渣、蘑菇渣、酒渣等二次利用的废弃有机物，鸡粪、牛粪、猪粪等养殖废弃物经过适当处理后，可作为农业栽培的基质原料，这就是基质化。基质处理重点在于原料的选取及配比和原料的前处理。优异的基质应具有适宜的理化性质，其中易分解的有机物能大部分分解，施入土壤后不产生氮的生物固定，同时可通过降解去除酚类等有害物质，达到消灭病原菌和病虫卵等目的，为植株根系提供稳定的水、气、肥环境，并起到固定、支持植株的作用。农业废弃物基质化利用领域宽广，是农业废弃物资源化循环利用的重要环节。

三、农业废弃物资源化利用存在的问题

农业废弃物在我国资源丰富、供应充足，是全世界公认的燃料及精细化工产品的重要资源之一，而且其资源化综合利用范围广，是循环经济发展的重要环节，也是可持续发展的关键，但是在我国，农业废弃物在利用过程中还存在一些问题，从而制约着其发展。

（一）农业废弃物利用成本高，农民的利用意识尚未树立

由于历史原因，我国农业资源的综合利用工作相对国民经济发展有所滞后。农业可持续发展的思想观念不够深入，农业废弃物资源化利用的处置措施缺乏有力的宣传推广，农民尚未树立起可持续发展的意识，也未充分认识到农业废弃物综合利用的经济、环境与社会价值。此外，农业废弃物原料集中收集与持续均衡的需求存在矛盾，废弃物收集处理需要占用较大空间。投入高、收益低，使农民缺乏农业废弃物资源化利用的积极性。

（二）政府重视不够，缺乏相应的法律法规

农业废弃物资源化利用是实现农业可持续发展的根本保证。但是现有的国家与地方政策法规仅从环境保护角度强调农业废弃物的处理方法，除对极少部分废弃物有要求外，大多数农业废弃物资源综合利用工作没有具体的法规可依。另外，现有的综合利用政策只有积极鼓励利用的手段，如减免某种税项，没有建立强制性措施，对本应综合利用的而不利用的行为没有处罚措施。

（三）农业废弃物资源化利用企业少，政策支持力度不够

目前专业从事农业废弃物资源化利用的大型企业不多，废弃物的收集贮运体系不健全，收购缺乏相关的管理机制，废弃物市场价格混乱，缺乏社会化服务体系，以上这些都制约了农业废弃物资源的产业化和规模化的发展。另外，企业在场地寻找、立项审批、设备购置以及生产与销售的各环节中也缺少政策支持。

（四）废弃物资源化利用技术仍存不足，技术难题有待破解

目前，我国农业废弃物资源化利用创新性技术少，技术推广价值不高，农业废弃物的利用率很低。随着农业产业化进程的发展，并不完整成熟的技术体系因产业化程度低很难支撑起整个产业链中数量庞大的农业废弃物。例如机械化收割造成的农作物废弃物还大量存在就地焚烧的现象；农业废弃物的无害化处理及快速转换成有机肥还需要有技术上的突破；秸秆气化作为农村居民清洁能源来源产出效率并不高，除其本身会出现气压不稳等问题外，相对来说天然气等使用更为方便，使得有些地区的秸秆气化站难以运行。

第二章　农业废弃物——畜禽养殖业污染防治与资源化利用

第一节　畜禽养殖业污染现状及问题分析

一、我国畜禽养殖业概况

畜牧业是衡量一个国家经济水平和营养水平的重要指标之一，在国民经济中有重要地位和作用，关系着国计民生。我国作为农业大国，畜禽养殖业历史悠久，创造了辉煌的成就。在新石器时代晚期，我国黄河流域及河姆渡地区已经形成了家畜养殖。传说伏羲氏"教民养六畜，以充牺牲"，说明在原始社会末期，原始畜牧业已形成，涉及马、牛、羊、犬、彘（猪）等家畜，家禽驯化较晚。到奴隶社会，畜牧业和家畜利用进入一个新的发展阶段。畜禽已经是人们重要的食物来源，也是致富捷径。进入封建社会以后，畜牧业管理的组织制度趋向完善，畜牧生产在国家经济和人们生活中的地位也日益提高。由于战争和自然灾害等客观因素的影响，我国的畜禽养殖业在挫折中发展，为世界畜牧业发展做出了巨大贡献。中华人民共和国成立以后，我国畜牧业生产获得了前所未有的发展条件，生产技术水平和产量、质量都有显著提高。

中华人民共和国成立以后，尤其是改革开放以后，我国城镇化进程的加快、人民生活水平的提高以及人们对畜禽产品的需求不断增加，使得我国畜牧业从农民小户散养向规模化、集约化、标准化、区域化、产业化转变，畜牧业在农业和农村经济中的地位进一步提升，成为农民增收和就业的重要途径。畜牧养殖业综合生产能力显著增强，已成为我国农业和农村经济发展的支柱产业。2010 年我国肉类、禽蛋产量均居世界第一位，奶类产量居世界第三位。随着畜禽产量的增长，中国人均畜禽产品占有量也持续上升，1978 年全国人均肉、蛋、奶占有量分别只有 9.1 kg、2.4 kg 和 1.0 kg，到 2010 年人均占有量已分别达到 45.8 kg、20.7 kg 和 26.7 kg，分别是 1978 年的 5.0 倍、8.6 倍和 26.7 倍。"十二五"期间畜牧业综合生产能力显著增强，规模化、标准化、产业化程度进一步提高。2015 年，我国肉、蛋、奶产量分别达到 8 500 万 t、2 900 万 t 和 5 000 万 t，羊毛产量达到 43 万 t，畜牧业产值占农林牧渔业总产值的比例达到 36%。总而言之，我国畜禽养殖业现状主要表现如下。

（一）畜禽养殖综合生产能力不断增强

规模化养殖是现代化畜禽养殖业的发展方向，扶持养殖大户和建立标准化养殖小区是发展畜禽养殖的成功经验。随着养殖规模不断扩大，畜禽养殖业迅速发展，畜禽养殖总量稳步增长。2010 年，我国肉类总产量 8 074.8 万 t，占世界肉类总产量的 27.33%，居世界第一；

中国蛋类总产量 2 800.1 万 t，占世界蛋类总产量的 40.64%，居世界第一；中国牛奶总产量 3 575.62 万 t，占世界牛奶总产量的 6.01%，仅次于美国和印度，居世界第三。2010—2014 年我国畜禽产品产量见表 2-1。

表 2-1 2010—2014 年我国畜禽产品产量 单位：万 t

指标	2014 年	2013 年	2012 年	2011 年	2010 年
猪肉产量	5 671.39	5 493.03	5 342.70	5 060.40	5 071.24
牛肉产量	689.24	673.21	662.26	647.40	653.06
牛奶产量	3 724.64	3 531.42	3 743.60	6 357.85	3 575.62
禽蛋产量	2 893.89	2 876.06	2 861.17	2 811.42	2 762.74

（二）畜禽养殖技术逐渐提高

随着乡镇畜牧技术的普及和推广力度的加强，基层养殖技术及水平也在不断提高。我国已建立起省、地（市）、县（市）、乡镇四级畜牧业技术推广机构，涵盖畜牧、兽医、草原工作站、饲料监察四大领域，形成了完善的畜牧技术推广体系。畜禽原种场和扩繁场已基本覆盖全国畜禽生产区域，畜禽良种繁育体系基本建成，推动了我国畜禽良种化和畜禽产品质量的提高。

（三）畜禽养殖产业化发展成为主流

经过 30 多年的发展，畜禽养殖业呈现出区域化、专业化、集约化的发展态势，产业一体化格局开始突显，形成了猪、牛、羊、家禽等养殖的优势区域，这些区域成为我国畜禽产品的主要生产地区，畜禽规模化养殖水平不断提高，根据农业部统计，我国年生猪规模化养殖比例达到 66.8%，蛋鸡规模化养殖比例达 78.8%。随着规模化进程加速发展，畜禽养殖集团快速壮大发展，畜禽养殖产业链形成完善。

二、畜禽养殖业污染的现状

（一）畜禽养殖业污染的产生

我国畜禽养殖有着悠久的历史，从石器时代原始人类驯化动物开始，畜禽养殖环境污染就已经产生。但是在漫长的历史长河中，我国畜禽养殖业秉承着以家庭分散养殖为主的传统模式，畜禽养殖过程中产生的废弃物也主要用于农田施肥，形成了“养殖—堆肥—种植”的良性模式，加之历史上我国人口较少，畜禽产品需求少，养殖数量大多是自给自足，因此畜禽养殖排放的废弃物对生态环境基本不造成污染威胁。

中华人民共和国成立以后，随着畜牧业的不断发展，生态环境问题日益突出，畜禽养殖场排出的废弃物已经成为生态环境污染的重要因素，制约了经济社会的可持续健康发展。尤其是改革开放以后，由于国家政策的调整和国家投入的增加，特别是 1989 年农业部制定的“菜篮子工程”实施后，我国畜禽养殖业生产规模不断扩大，加上畜禽品种、卫生防疫等知识的大力普及，使得我国畜禽产品总量大幅增加，畜禽产品质量不断提高。尤其是在我国经济高速发展的时代，人民生活水平大幅度提高，我国城镇人口数量占全国人口的 50% 以上，副食品需求量猛增，导致畜禽养殖业的快速发展，呈现出规模化、集约化、产业化的现象，取得了可喜的业绩，肉、蛋、禽总产量连续保持世界第一，这对改善人民生活水平、调整人民膳食结构、提高农民收入做出了巨大的贡献。但这也不可避免地产生了大量的"畜产公害"，畜禽粪便、养殖污水任意堆弃和排放现象普遍存在，养殖场集中地区的环境恶化间接地对水源、土壤、空气等造成污染。

(二)畜禽养殖业环境污染的特点

1. 污染负荷巨大

畜禽的粪便尿液、养殖产生的臭气和畜禽养殖的水污染是畜禽养殖业的三大主要污染源。据测定，一个饲养 10 万只鸡的工厂化养鸡场每天产生的鸡粪便可达 10 t，年产鸡粪达 3 600 t。联合国粮农组织在 20 世纪 80 年代估测，全世界每年产生的鸡粪总量达 460 亿 t，这些鸡粪若处理不当，则是一个相当大的环境污染源。若 1 头猪日排泄粪尿量按 6 kg 计，是 1 个人每天所排粪尿量的 5 倍，此猪年产粪尿约达 2.5 t。如果采用水冲式清粪，1 头猪的污水日排放量约为 30 kg。1 个千头猪场日排泄粪尿量可达 6 t，年排泄粪尿量达 2 500 t，采用水冲清粪则日产污水达 30 t，年排污水逾 1 万 t。据测定，成年猪每日粪尿中的 BOD(生化需氧量)是人类粪尿的 13 倍。2007 年《第一次全国污染源普查公报》显示，畜禽养殖业主要污染物排放统计了粪便排放和水污染物两项，2017 年畜禽养殖业粪便产生量为 2.43 亿 t，尿液产生量为 1.63 亿 t；水污染物排放量中化学需氧量为 1 268.26 万 t，总氮 102.48 万 t，总磷 16.04 万 t，铜 2 397.23 t，锌 4 756.94 t，分别占农业污染源排放量的 95.78%、37.89%、56.34%、94.03% 和 97.83%，而且化学需氧量是工业源的 4.03 倍。因此，规模化畜禽养殖业是我国环境污染的重要来源之一。2015 年 3 月发布的《全国环境统计公报(2013 年)》相对历年的公报而言，提供了更翔实的畜禽养殖污染情况数据。调查统计的规模化畜禽养殖场共 138 730 家，规模化畜禽养殖小区 9 420 家，排放化学需氧量 312.1 万 t，氨氮 31.3 万 t，总氮 140.9 万 t，总磷 23.5 万 t。其中，化学需氧量和氨氮的排放量分别占农业污染源的 27.7% 和 40.2%，占总排放量的 13.3% 和 12.8%。与工业污染排放相比，畜禽养殖业污染物的化学需氧量与工业污染的相当，而氨氮的排放量超过工业排放的 27.7%。加之对环境影响较大的大中型养殖场 80% 分布在人口集中、水系发达的大城市周围和东部沿海地区，集约化畜禽养殖已经严重造成水源、土壤和大气的污染，造成了生态环境的严重破坏。

2. 污染物成分复杂

畜禽养殖过程中产生的废弃物主要有畜禽粪便、垫料、畜禽尸体等固体废弃物，还包括畜禽尿液、养殖过程中的冲洗水、生活污水等畜禽养殖废水。由表 2-2 可见，畜禽养殖废弃物中的污染成分很复杂，包括氮、磷等水体富营养化物质，还包括大量的硫化氢、氨等具有刺激性臭味和影响血压脉搏变化、具有毒性的气体。畜禽养殖业还排放大量的甲烷，甲烷是导致全球温室效应的重要因素之一。养殖过程中产生的粉尘含有铅、汞、砷、铬、锰等具有剧毒的重金属，它们长期飘浮在空中，会影响人体健康并腐蚀建筑物等。畜禽废弃物中还包括抗生素、激素、抗寄生虫药物等兽药残留。畜禽粪便里含有大量的蛔虫卵等寄生虫卵、大肠杆菌、禽流感、结核菌等人畜共患传染病菌。以上污染物进入生态环境中，共同作用，引起大气污染、水体污染和土壤污染,影响居民的生活环境以及身体健康。

表 2-2　畜禽粪便污染物含量　　　　单位:g/kg

类别	COD	TP	TN	BOD_5	NH_3-N
猪粪	52.00	3.41	5.88	57.03	3.08
猪尿	9.00	0.52	3.30	5.00	1.43
牛粪	31.00	1.18	4.37	25.53	1.71
牛尿	6.00	0.4	8.00	4.00	3.47
禽粪	45.70	5.80	10.40	38.90	2.80

注:数据来源于国家环境保护总局文件(环发〔2004〕43 号)。

3. 畜禽养殖污染治理困难

因为我国经济的快速发展,老百姓生活水平的提高,促使我国畜禽养殖的快速发展,畜禽养殖废弃物排放量居高不下,畜禽污染负荷巨大。此外,畜禽养殖产生的污染物成分复杂,以我国目前现有的技术,治理较为困难。

规模化养殖场的建设大约有 90% 没有经过环境影响评价,80% 左右的规模化养殖场缺少污染治理投资。而且,规模化养殖场实际上是农牧脱节,绝大多数养殖场无法采取干湿分离这种必要的污染防治措施,使得规模化养殖场无法消化产生的粪便以及产生的大量废水。虽然我国畜禽养殖业呈现集约化趋势,但是散户饲养仍占很大比例。农户为了追求经济效益,使用大量的化肥取代有机肥料,导致畜禽粪便废弃比例不断上升。又因为畜禽养殖废弃物污染治理的投入很大,对于小本经营、获取薄利的散养户来说,没有更多的财力、人力对畜禽废弃物进行资源化、减量化。再有,我国目前对环境影响较大的大中型、集约型畜禽养殖场 70% 以上都分布在人口密集的东部沿海地区和大城市城郊,而畜禽养殖废弃物成分复杂,如果采用城市生活污水的处理方法,其中的 COD、BOD、SS 因为含量高,处理起来十分困难。如果采用畜禽粪便还田的方式进行处理,又会因畜禽养殖废弃物含水量高,造成储存、运输、施用等都十分不便。

(三)畜禽养殖废弃物对环境的影响

畜禽养殖业的发展为人们的生活提供了丰富的畜禽产品,也促进了农村经济的发展,但是产生的大量废弃物因处理不当,对生态环境有着严重的危害。随着我国畜禽养殖业的规模化、集团化、设施化快速发展,畜禽养殖废弃物污染环境问题也日益突出。

1. 氮、磷污染

畜禽养殖废弃物中含有的大量氮、磷,它们进入地表水循环后,会造成水体的富营养化,导致藻类和其他水生植物等大量繁殖,使水生动物缺氧死亡。当死亡动物的尸体腐败后,又加重了水质的恶化,对渔业的危害相当严重,而且还会滋生大量的蚊蝇等影响环境。另外,富营养化的水体不可以饮用,灌溉农田会造成农作物的大量减产。这些氮、磷元素进入土壤后,转化为硝酸盐和磷酸盐,当集聚到一定量后,会对土壤造成污染。土壤中的硼酸盐容易转化为致癌物质而污染作为饮用水源的地下水,从而对人体健康造成严重威胁,且污染一旦造成，需要几百年的时间才能自净恢复。

2. 恶臭物质污染

畜禽粪尿当中富含大量的有机物，经过微生物的作用后可以分解为氨化物、硫化物等200多种恶臭物质。如果人长期处于这种恶臭环境中，这些物质可以刺激嗅觉神经和三叉神经，对呼吸中枢产生毒害，甚至会导致恶心、头晕等中毒症状。此外，恶臭也会造成畜禽的呼吸道疾病以及其他疾病，影响畜禽生长，导致畜禽生产性能下降，带来经济损失。恶臭物质中的氨进入空气中，当浓度高时，会因酸沉降而影响土壤和水体。空气中的氨使雨水变酸，溶于雨水中的 SO_2 增多，形成 $(NH_4)_2SO_4$，并在土壤中氧化，释放出 HNO_3 和 H_2SO_4，它们反过来又可使酸沉降增加3~5倍。

3. 矿物质污染

畜禽养殖业为了提高畜禽的生长速度及抗病能力，采用的饲料中都含有带铜、砷、锌、锰、钴、硒和碘等微量元素的添加剂，如果养殖场内的畜禽粪尿不经过处理排放到环境当中，会造成严重的重金属污染，后果不堪设想。此外，有的饲料中会添加一定量的食盐，但是过多的添加会导致粪便中盐分过高，从而污染土壤，危害农作物的生长。

4. 药物添加剂污染

在畜禽养殖过程中，为了提高畜禽的健康水平和生产性能，饲料中一般会添加抗生素等药物添加剂。但是有的养殖场为了追求畜禽的生长速度而滥用药物添加剂，这会导致动物体内的药物残留增加。这些药物添加剂大多会随尿液排出动物体外，只有极少量没排出的抗生素残留在动物体内。如果不处理畜禽粪便，直接用作肥料施用，药物添加剂被植物吸收后残留在组织内，一旦被人或牲畜食用，会造成一定程度的伤害。

5. 微生物病原污染

畜禽体内或多或少带有微生物，如沙门氏杆菌、大肠杆菌、金黄色葡萄球菌、禽流感病毒、蛔虫卵等。它们通常存在于畜禽的消化系统中，且会随粪尿排出体外。如果这些带有病原体的粪便不经过适当处理，随意排放到环境中，会成为危险的传染源，导致畜禽传染病和寄生虫病的蔓延传播，从而造成疫情。有的微生物病原体也会影响到人类的健康，据世界卫生组织（WHO）和联合国粮农组织（FAO）的有关资料，目前已有200种“人畜共患传染病”，主要传播疾病的载体就是畜禽粪便。此外，粪便中的微生物病原体可以长时间地具有感染性，如禽流感病毒能在4 ℃的条件下存活35天左右。大量堆积的畜禽粪便暴露在环境中不加以妥善保存，则会滋生蚊蝇等害虫，招致鼠患，不仅导致病毒传播，也会给人们的正常生活和家禽的正常生产带来不良影响。

6. 其他污染

畜禽养殖废弃物除了以上污染物以外，还有其他的污染物能够导致环境问题。如粪便细菌厌氧发酵后产生的甲烷是造成温室效应的重要原因之一。根据近两年畜牧业发展形势的分析，未来畜禽养殖业的甲烷气体释放量仍将呈现增长趋势。畜禽养殖业产生的粉尘含有多种重金属元素，也是微生物的载体，一旦进入大气中，再被人畜吸入呼吸道，会引起呼吸道系统疾病，长期沉积甚至能够致癌。畜禽的羽毛、养殖场的垫料、饲料残渣等会四处散飞，附着大量臭气和微生物病原体，可以导致人类身体不适，还会导致蚊虫等滋生，造成环境污染。

三、畜禽养殖业造成环境污染的原因分析

（一）畜禽养殖逐步向城郊及工矿地区集中

传统的畜牧业对种植业有着较强的依赖性，由于畜禽养殖所需要的生产资料，如土地、饲料、水源、劳动力等都来自于当地，而畜禽养殖所排出的废弃物则作为肥料等生产资料被种植业吸收，形成了良性的生态循环。但是随着我国城镇化进程的加快，城镇人口激增以及区域性集中，导致城市人口对畜禽产品的需求增加，再加上目前我国的产业结构调整和“畜牧致富工程”以及畜禽养殖所需要的运输、加工、销售等的成本问题，致使畜禽养殖业逐渐向城郊地区集中。再加上畜禽粪便作为农业肥料的比例大幅下降，大量的粪污未经无害化处理就随时随地排放，使畜禽粪污对环境的污染逐年加大，对城镇、工矿及其养殖单位自身的环境造成了很大的压力。

（二）畜禽养殖业经营方式向集约化转变

传统的畜牧业大多数都是自给自足的分散式养殖模式，或者少部分作为副业进行生产，特点均为畜禽数量少，农村用地饲养，畜禽养殖产生的废弃物可以及时处理，多以“养殖—肥料—种植”的资源利用模式进行废弃物处置，因此畜禽养殖废弃物产生的恶臭、污水等不会污染环境，甚至会对改良土壤性质起到至关重要的作用。但是随着畜牧业迅猛发展，畜禽养殖业向集约化转变，呈现出专业化、规模化、工业化现象，畜禽养殖业废弃物越来越多，已经超出了环境所能承载的范围，使得环境污染日益严重。据 2014 年《中国畜牧业年鉴》分析，我国畜牧业发展良好，出栏量有逐年增加的趋势，见表 2-3。根据《全国畜牧业发展第十二个五年规划》，2015 年，全国畜禽养殖总量达 14 亿头（猪当量）；规模化养殖比例提升 10%~15%，养殖总量达 7 亿头（猪当量），按照现有畜禽养殖污染防治水平测算，化学需氧量、氨氮的年排放量分别达到 1 260 万 t、80 万 t，规模化畜禽养殖场（小区）和散养密集区域污染防治压力较大。与此同时，分散的个体养殖模式也并未消失，仍呈扩张趋势，区域畜禽总数不断扩大。

表 2-3　2008—2014 年我国牲畜出栏量

指标	2014 年	2013 年	2012 年	2011 年	2010 年	2009 年	2008 年
牛出栏数量 / 万头	4 929.15	4 828.15	4 760.90	4 670.68	4 716.82	4 602.17	4 448.10
羊出栏数量 / 万只	28 741.6	27 586.80	27 099.55	26 661.52	27 220.15	26 732.90	26 172.34
家禽出栏量 / 亿只	115.4	119.0	120.8	113.2	110.1	106.1	102.2

（三）农牧严重脱节

畜禽粪尿得不到充分利用是造成畜禽养殖业污染的主要原因之一。规模化养殖者不种地，没有土地及时消纳畜禽废弃物，无法形成“畜禽养殖—肥料—种植业”这一良性生态循环系统，导致这一宝贵的农业资源不能得到及时利用。另外，由于劳动力价格与运费的提高以及农民为了提高农作物产值和获得更高的经济效益，在种植农作物的时候对化肥和农药过分依赖，而对作为“农家宝”的有机肥料很少使用，甚至是不再使用（表 2-4）。农村畜禽散养户不再使用畜禽粪尿作为有机肥种田，规模化养殖业主因为饲养和经营方式的转变饲养的畜禽量越来越多，排放的畜禽养殖废弃物量也越来越多，又没有足够的能力去处理这些多余的畜禽养殖废弃物，这两部分原因导致了养殖业与种植业的分离和农牧业的严重分离脱节。

表 2-4　我国 20 世纪 50—90 年代化肥与有机肥使用量及其变化（以纯养分计算）

年份	化肥		有机肥	
	使用量 / 万 t	比例 /%	使用量 / 万 t	比例 /%
1949	1.3	0.3	478.9	99.7
1976	628.2	31.3	1 381.3	68.7
1987	2 008.2	44.6	2 494.7	55.4
1994	3 318.0	45.6	3 857.0	54.4

（四）选址布局不尽合理

由于我国畜禽养殖业发展缺乏必要的引导和规划，更多的是自发地、单纯地面向市场需求自由发展，导致大量农村富余劳动力在行情见好时投入畜禽养殖中。他们通常利用自留地及宅基地建设圈舍进行畜禽养殖，并不考虑场所选址是否符合用地规划和环保要求，其中一部分甚至没有达到远离饮用水源、远离居民和敏感目标等基本的环保要求。而大中型饲养场布局时多从生产、销售、运输等经济利益的角度出发，起初有些养殖场建在了交通比较便利的城乡接合部，随着城市的发展和人口的增加，有些养殖场已与周边的城镇和居民点日益接近连成一体。由于畜禽养殖业从牧区、农区向城镇周边大量转移，从人口稀少的偏远农村向人口稠密的城郊地区逐渐集中，更加快了城市生态环境的恶化。

（五）养殖技术和管理方式较为落后

目前，我国绝大多数养殖场、养殖户普遍采用清水冲刷圈舍来清理畜禽产生的粪便类废弃物，这种干湿不分的养殖和污染物处理方式，导致了大量污水、废弃物的产生，不利于粪便的收集与综合利用。大多数养殖场缺少专业的技术人员管理污染治理系统，导致污染处理系统运行不正常，处理效果差。另外，养殖者为了促进畜禽生长而采用不合格的饲料，导致畜禽养殖沼液处理出水重金属不能达到《畜禽养殖业水污染物排放标准》（征求意见稿）和《农灌水标准》（GB 5084—2005）中的要求，重金属产生后较难治理，因此必须从源头加强控制污染。

（六）环境保护意识比较薄弱

农业畜禽养殖污染对农村生态环境造成的污染及损害不仅是眼前短期行为，更是长期的。大批畜禽养殖者只注重当前的经济效益，并不重视畜禽养殖废弃物的污染防治工作，也未考虑配套的粪污处理设施，使得大量畜禽养殖废弃物未经处理就直接排放到环境中。多数普通农户和小型的养殖场资金通常都比较紧张，因此在投资建设时基本上都是因陋就简，只先考虑最基本的生产设施，并没有过多考虑配套的粪便污水处理设施。作为农村工作的主力军，一些村镇干部也存在重发展、重富民、轻环保的思想，致使环境监管不到位，畜禽养殖污染日趋严重。

（七）法律制度不够完善

国家环保部于 2001 年颁布了《畜禽养殖污染防治管理办法》，对生猪存栏 500 头以上、鸡 3 万羽以上、牛 100 头以上及同类别的畜禽养殖场粪便污染防治工作提出了要求，国务院也于 2013 年 11 月 11 日颁发了《畜禽规模养殖污染防治条例》。但这两部法律法规也仅是针对畜禽规模化养殖场所制定的，目前大量存在的非规模化养殖场、养殖户还是缺乏相应的法律法规和制度去规范，导致现在大量的非规模化养殖场、养殖户的畜禽养殖环境污染问题无法得到有效解决。

（八）污染防治措施和环境监管不到位

当前，大量的非规模化的家庭式畜禽养殖户基本都未建设合格的污染防治设施，绝大多数只配有一个简陋的粪便、废水收集池，产生的粪便、废水经简单贮存后就直接排入沟塘或河流。对于规模化畜禽养殖场而言，虽然建有污染防治设施，但为了节约成本，往往也仅限于建设收集池、沼气池等简单的处理设施，防治措施并不能满足环保达标排放的要求。此外，由于畜禽养殖污染面广、数量大，面对的大多为普通百姓，各执法单位存在法难责众的心理，在监管执法的时候十分谨慎，因此存在环境监管不力甚至是不到位的情况。

第二节　畜禽养殖业污染防治技术与资源化利用途径

一、畜禽粪便的资源化综合利用技术

畜禽粪便中含有丰富的有机质及氮、磷、钾等营养成分，可以称得上是宝贵的资源，如果对其妥善处理，进行合理的资源化利用，可以对生态环境保护起到重要作用，同时也能为农业生产和经济效益提高带来巨大作用。目前，对畜禽粪便的资源化综合利用主要是从肥料化、能源化和饲料化三方面进行。

（一）畜禽粪便的肥料化利用

畜禽粪便含有丰富的有机物和大量的氮、磷、钾等元素（见表 2-5），用于农作物耕作中可以改善土壤结构，提高土壤肥力，提高农作物的产值，改善其品质，是历来我国农民长期使用的“农家肥”。

表 2-5　畜禽粪便中主要的肥料成分含量　　单位:%

种类	水分	有机物	氮	磷	钾
猪粪	82.00	16.00	0.60	0.50	0.40
猪尿	94.00	2.50	0.40	0.05	1.00
牛粪	80.60	18.00	0.31	0.21	0.12
牛尿	92.60	3.10	1.10	0.10	1.50
鸡粪	50.00	25.50	1.63	0.54	0.85

1. 堆肥技术

我国自古以来就将畜禽粪便采用堆肥的方式进行处理,制成农家肥或者直接用于农作物种植。

堆肥是在人工控制水分、碳氮比和通风的条件下,通过微生物作用,对固体粪便中的有机物进行降解,使之矿质化、腐殖化和无害化的过程。堆肥是处理各种畜禽粪便很有效的方法之一。在堆肥的过程中,高温可以使粪便中的营养成分释放出来,生成有利于提高土壤肥力的重要活性物质——腐殖质,它可以起到调节、改良土壤的作用;同时高温还可以杀灭粪便中的各种病原微生物和杂草种子,使粪便达到无害化。由于粪便堆肥可以减少最后产物的臭气,且干燥、易于包装存储,因此被广泛使用。但是堆肥也存在诸多问题,如因为堆肥过程中的微生物活动程度直接决定堆肥的周期和产品质量,因此需要严格控制水分、碳氧比、温度、pH 值等控制参数,故对人工操作要求较高。而且堆肥需要的场地大,时间较长(4~6 个月),过程中有氨的释放,不能完全控制臭气挥发。

目前,堆肥技术主要有好氧堆肥技术和厌氧堆肥技术两种。

1)好氧堆肥技术

好氧堆肥是在有氧条件下,用好氧菌对废弃物进行吸收、氧化、分解。微生物通过自身的生命活动,把一部分被吸收的有机物氧化成简单的无机物,同时释放出可供微生物生长、活动所需的能量,而另一部分有机物则被合成为新的细胞质,使微生物不断生长繁殖,产生出更多生物体。好氧堆肥的温度一般为 50~65 ℃,最高可达到 80~90 ℃,因此也称高温堆肥。

好氧堆肥过程需要以下三个阶段。

(1)中温阶段(30~40 ℃)。这个阶段是堆肥过程的初期,也是产热阶段,嗜温性微生物较为活跃,并利用堆肥中可溶性有机物进行旺盛的生命活动,这个过程需要 1~3 天时间。

(2)高温阶段(45~65 ℃)。这个阶段中堆肥中残留的和新形成的可溶性有机物继续被氧化分解,复杂的有机物也开始强烈分解,这个过程需要 3~8 天。

(3)降温阶段。这个阶段剩余的较难分解的有机物进一步分解,腐殖质不断增多,进入稳定阶段,当进入到腐熟阶段,需氧量减少,含水率降低,堆肥孔隙度增大,氧扩散能力增强,需要自然通风,这个过程需要 20~30 天。

好氧堆肥处理具有过程可控制、易操作、降解快、资源化效果好、可以处理混合垃圾、运行费用低等特点。堆肥发酵后可得到无臭、无虫(卵)及病原菌的优质有机肥料。

堆肥过程的影响因素有:供氧量要适当,实际所需空气量应为理论空气量的2~10倍;物料含水量在50%~60%为宜,55%最理想,此时微生物分解速度最快;碳氮比要适当。水的作用有二:一是溶解有机物,参与微生物的新陈代谢;二是调节堆肥温度,温度过高时水分蒸发可以带走一部分热量。

2)厌氧堆肥技术

厌氧堆肥技术利用厌氧或者兼性微生物以粪便原料中的原糖和氨基酸为养料生长繁殖的特性进行乳酸发酵、乙醇发酵或沼气发酵。含水量高于80%的粪料主要以沼气发酵为主,含水量低于80%的粪料多为乳酸发酵。目前,也有用EM菌群对鸡粪进行发酵堆肥处理的。

厌氧发酵技术不需翻堆,不需要通气,节省能耗,费用也比较低,操作方便,同时经过厌氧处理,可除去大量可溶性有机物,杀死大量的传染性病菌,较为安全。

2. 生物有机肥技术

生物有机肥是将有益微生物与有机肥协调结合形成的一种新型、高效的微生物有机肥料。生物有机肥的原料主要有鸡鸭等禽粪、猪牛羊等畜粪、其他动物粪便、秸秆、农产品加工废弃物等。其生产工艺一般包括原料前处理、接种微生物、发酵、干燥、粉碎、筛分、包装、计量等,配料方法因原料来源、发酵方法、微生物种类及设备不同有所差异。

生物有机肥富含有益微生物菌群,营养功能强,适应性好,同时富含各种养分,且体积小、便于施用,适合规模化生产。将畜禽粪便生产成有机肥可以克服粪便含水量高以及运输、储存和使用不便的缺点,同时相比其他方法,安全无害。又因生物有机肥能够提高肥料利用率,改善土壤肥力,增加农作物产量,提高其品质,非常适用于无公害农产品生产的需求,具有良好的经济效益。畜禽粪便生产有机肥的市场前景光明,经济效益好,同时也具有很好的社会、生态价值。

3. 生物转化利用技术

生物转化利用技术是利用蚯蚓消化处理畜禽粪便,一般是处理含水量在85%以上、有机质含量高的粪便,比如猪粪、牛粪、羊粪以及其他禽类粪便。相关研究表明:在土壤中施用蚯蚓堆肥与不施用情况对照比较,土壤中速效氮、磷、钾分别增加15.68、10.71、24.30 mg/kg。蚯蚓堆腐处理的猪粪,有机氮更多地转化为无机氮,减少了氮的挥发;接种蚯蚓处理的未腐熟牛粪比不接种蚯蚓的未腐熟牛粪或自然堆制的腐熟牛粪显著增加了矿质氮和速效磷的含量,提高了碱性磷酸酶的活性,降低了微生物中碳、氮的含量和脲酶的活性。由此可见,畜禽粪便可以经过蚯蚓、蝇蛆处理后再施用,这样能提高粪便的肥效,改良土壤结构,增加土壤透水性,防止土壤表面板结,提高土壤的保肥性。这种从整个生态系统考虑,使畜禽粪便资源化、无害化增值利用的生物方法不仅可以解决污染问题,还能提高养殖业的经济效益。

除了上述畜禽粪便处理技术外,还能采用快速烘干法、膨化法、微波法等技术生产高效优质的肥料。

（二）畜禽粪便的能源化利用

畜禽粪便的能源化主要用直接燃烧、沼气技术和发电等方式实现。

1. 直接燃烧

直接燃烧方式主要是在草原地区使用，牧民们收集晾干的牛、马等动物的粪便，作为燃料直接燃烧，用来烧饭取暖。吉林省利用畜禽粪便与秸秆、煤灰等物质加工制备成牛粪煤作为能源。这是畜禽粪便能源化的最简单的方法，但是随着人民生活水平的提高，且这种方式容易产生大量浓烟，产生空气污染，又存在卫生问题，这种燃料逐渐被其他燃料取代。

2. 沼气技术

目前，我国规模化畜禽养殖场逐年增加，且大多数养殖场都采用水冲式清粪方式，造成粪便含水量高。对于这种畜禽粪便，目前较多采用沼气技术进行处理。

沼气法主要是采用厌氧发酵技术将粪便、垃圾、杂草与污水等按照一定比例，在一定的温度、水分、酸碱度等条件下，经过沼气细菌厌氧发酵生产出以甲烷为主的可燃气体的方法。这种方法可以将畜禽粪便中的微生物病原体杀死，减少生物污泥量，实现无害化生产，达到净化环境的目的；还可达到资源的多级利用，即“三沼”产品的综合利用，即沼气可直接为农户提供能源、气肥等，沼液可直接用来肥田、养鱼等，沼渣可制作高效优质的有机肥等。“三沼”完全可以当成一种农业生产资料，作为肥料、饲料、饵料，用于农作物浸种，防治病虫害，提高农作物、果品的产量与质量，储存保鲜农产品。更主要的是通过“沼气”这一环节，把种和养联系起来，形成一个物质多层次高效利用的生态农业良性循环系统。此外，作为新兴能源，沼气的用途广泛，除了用作生活燃料使用外，还可以用于生产能源使用。

我国目前利用沼气技术处理畜禽养殖废弃物主要有农用户沼气生态工程模式和规模化沼气工程模式两种。

1）农用户沼气生态工程模式

农用户沼气生态工程模式在全国各地农村都有成功的经验，如以沼气为纽带的适应北方冬天寒冷的特定环境的“沼气池、猪圈、厕所、太阳能温室”四位一体的生态模式、“猪—沼—作物”能源生态工程（图 2-1）、“器—气—池”生态家园工程等。

农村地区建立以沼气池为主的能源生态工程模式，可以使畜禽养殖废弃物得到良好处理，不仅能增加农民收入，还可极大地改善农民的生产生活条件，有利于农村生态环境的改善，对促进农村经济的可持续发展具有深刻意义。

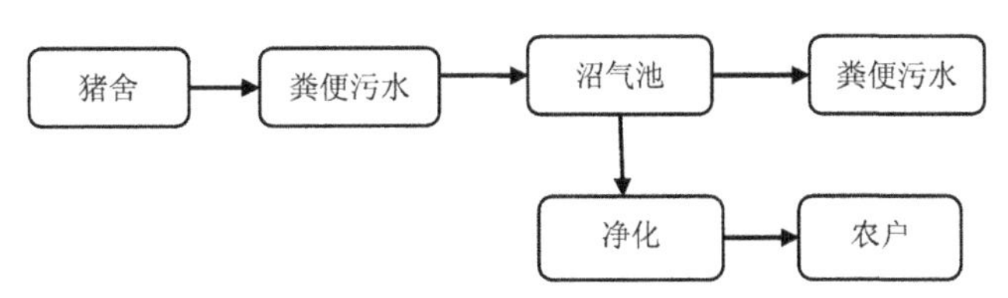

图 2-1　“猪—沼—作物”能源生态工程流程示意

2）规模化沼气工程模式

沼气工程模式主要有小型沼气工程模式和大中型沼气工程模式，是根据养殖方式、养殖场规模来确定、优化不同区域和不同养殖方式的畜禽粪便处理方式。此方式能使废弃物合理利用，变废为宝，其流程示意见图 2-2。

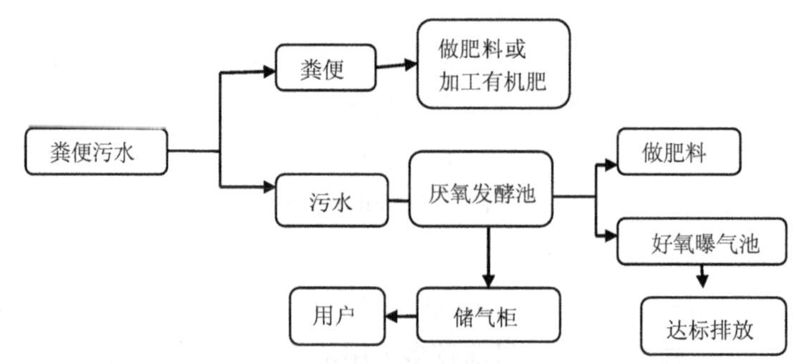

图 2-2　规模化沼气工程模式流程示意

虽然目前我国利用沼气技术处理畜禽养殖废弃物已经成熟，但是在实际操作上，因为建造沼气池及其配套设备的投资巨大，沼气池的运行又受温度、季节的影响较大，小型沼气工程比较成功，而大中型沼气工程运行状况并不成功，没有发挥其最佳的经济效益和环境效益。

3. 发电

畜禽粪便可以无污染方式焚烧，然后发电利用，焚烧过程中产生的灰分还可以作为优质肥料。英国 Fibrowatt 公司用鸡粪作燃料发电。我国福建圣农集团将谷壳与鸡粪的混合物进行燃烧发电，年消耗鸡粪和谷壳混合物约 25 万 t，相当于节省煤约 8.8 万 t，既创造了经济效益，减少了环境污染，又节约了煤炭、天然气等不可再生资源。

4. 畜禽粪便热化学转化

畜禽粪便作为一种生物质能源属于可再生能源，可再生能源的开发与利用日益受到国际社会的重视。我国是能源消费大国，常规能源储备相对不足，因此多元化的能源配置是解决我国能源问题的必由之路。可再生能源在我国蕴藏量丰富，开发利用新能源对我国的能源战略安全和环境、经济的可持续发展意义重大。热化学转化法是当前开发生物质能源的主要技术，也是各国研究的重点。其基本原理是将生物质原料加热，使其在高温下裂解（热解），热解后的气体与供入的气化介质（空气、氧气、水蒸气等）发生氧化反应并燃烧，最终生成含有一定量固体可燃物（如木炭）与液化油、生物油或生物质燃气（CO、H_2、CH_4）等的混合气体。

（三）畜禽粪便的饲料化利用

畜禽粪便不仅是优质的有机肥料，而且也是畜禽本身较好的饲料资源。畜禽粪便中的粗蛋白含量几乎比畜禽采食饲料中的粗蛋白含量高 50%，畜禽粪便中含 17 种氨基酸，其占比达到 8%~10%。此外，粪便还含有粗脂肪、粗纤维、磷、钙、镁、钠、铁、铜、锰、锌等多种营养物质（表 2-6）。其中，鸡粪的营养成分最为丰富，粗蛋白含量占鸡粪干物质的 25%，相当于豆饼的 57%~66%，而且氨基酸的种类齐全，并含有丰富的矿物质和微量元素，因此鸡粪可以成为优质高效的饲料资源。在美国，农场主用混入鸡粪和垫草的饲料直接饲喂奶牛，其结果与饲喂豆饼效果相同。

表 2-6　猪、牛粪便的营养成分(占干物质百分比)　　单位:%

种类	干物质	粗蛋白	粗纤维	钙	磷	灰分	总消化养分
猪粪	90	19	17	3.5	2.6	17	45
干牛粪	95	17	38	0.4	0.7	9	45
鲜牛粪	20	16	37	0.4	0.6	11	46

畜禽粪便中存在重金属元素、病原体、寄生虫等有害物质,因此需要经过适当处理,杀死病原菌,提高蛋白质的消化率和代谢,改善适口性,才可作为饲料用。国外畜禽粪便饲料已经商品化多年,我国畜禽粪便饲料化研究工作也已开展多年,现在已经有部分地区实现了其的商品化。目前,畜禽粪便饲料化的方法有以下几种。

1. 直接用作饲料

这种方法是最简单的,仅需要用化学药剂对粪便进行杀菌处理后即直接用于动物饲料。该方法的原料主要是鸡粪。因为鸡的肠道较短,对饲料的消化吸收能力差,饲料中约有 70% 的营养成分未被消化吸收就被排出体外,故鸡粪营养物质丰富,可以用作猪、牛的饲养。但是鸡粪中含有非常复杂的成分,包括寄生虫、尿素、病原体等,因此需要用化学药剂提前进行处理,防止畜禽间的交叉感染及传染病传播。处理烘干鸡粪的步骤简单,操作方便,原料来源广泛,处理成本低,而且经烘干的鸡粪所含营养成分丰富,完全可以替代部分精、粗饲料和钙、磷等添加剂,可较大程度地降低饲料成本,提高经济效益,促进养殖业的发展。

2. 青贮法

畜禽粪便中的碳水化合物含量低,为了调整饲料和粪的比例,掌握好水分含量,其不能单独青贮,需要与禾本青饲料一起青贮,来防止粪便中的粗蛋白损失过多。这种饲料具有酸香味,适口性高。而且青贮法可以杀死粪便中的微生物、病原体等,提高了饲料的安全性。

3. 干燥法

干燥法是畜禽粪便资源化利用最常用的方法。这种方法可以使畜禽粪便干燥脱水,能够除臭和彻杀虫卵,可以达到卫生防疫和生产商品肥料的要求。该法主要是利用热效应和喷放机械。干燥法主要用来处理鸡粪,优势是对粪便的处理效率高,设备简单,投资小,便于推广。但是鸡粪在夏天保鲜困难且具有臭味,因此需要在加工时添加乳酸菌等除臭效果好的添加剂进行臭气处理,因此使成本增加。目前采用的干燥技术主要有日光自然干燥、高温快速干燥、微波烘干、烘干膨化处理等。

1)日光自然干燥

这种方法主要是在自然条件下或在大棚内,对粪便粉碎、过筛、除杂后将其放置在干燥的地方,利用阳光照晒进行干燥处理,经干燥后的粪便可作为饲料或者肥料。这种方法投资小、成本低、易于操作,但是处理规模小、时间长、占地大、受天气因素影响大,且处理过程中氨气易大量挥发，臭气较大，不但影响肥效，还会对环境造成威胁，不适于集约化的畜禽养殖场采用。

2）高温快速干燥法

这种方法利用机械对粪尿进行固液分离、烘干，通过高温、高压、热化、灭菌、除臭等处理过程生产有机肥料，主要是对鸡粪进行处理，同时其也是我国处理畜禽粪便较为广泛使用的方法之一。干燥机主要是回转式滚筒烘干机，鲜鸡粪含水量为70%~75%，经过高速烘干，可达到干燥、除臭、灭菌、耐储存的效果。高温快速干燥法的优点是不受天气影响、能大批量生产、干燥快速等，适合大型畜禽养殖场使用。但是其具有一次性投入大、能耗较大、在烘干过程中产生大量的臭气、耗水量大等缺点。

3）微波烘干

微波烘干是利用微波产生高温，迅速使湿畜禽粪含水量降到13%以下的处理方法，在干燥过程中可以达到消毒、杀灭细菌、消除臭味的效果，但是这种方法的养分损失较大，成本较高。

4）烘干膨化处理

烘干膨化处理是利用热效应和喷放机械效应两方面的作用，使畜禽粪便膨化、疏松，既除臭又能彻底杀菌、灭虫卵，达到卫生防疫和商品肥料化、饲料化的要求。该方法的缺点是一次性投资较大，烘干膨化时耗能较多，特别是夏季保持鸡粪新鲜较困难，大批量处理时仍有臭气产生，且成本较高等，从而导致该项技术的应用受到限制。

据报道，一个饲养10万只蛋鸡的农户购置一台日处理10 t的鸡粪膨化烘干机，7~8个月可以收回成本，以后每年可以获纯利50万~80万元。

4. 分解法

分解法是利用蚯蚓、苍蝇等低等动物来分解粪便，达到提供运动蛋白质和处理畜禽粪便的目的。蚯蚓和蝇蛆是非常好的动物性蛋白质饲料。蚯蚓的蛋白质含量为10%~14%，可以作为水产养殖的活饵料，也可以作为猪牛羊的饲料，同时蚓粪可作为肥料。这种方法比较经济，生态效益显著，但是操作技术难度较大，同时对温度的要求苛刻，难以全年生产，推广不易。

二、养殖场废水处理和综合利用技术

畜禽养殖场的废水主要包括畜禽的粪尿和冲洗水，固形物含量高，含有大量的氮、磷等有机物、悬浮物和微生物致病菌，有机质浓度高，易于生化处理。但是各地因饲养方式、管理水平、畜舍结构、清粪方式等的不同，畜禽养殖场的污水排放量差异很大。其中大规模养猪场废水处理难度很大，原因为：①由于大多数养猪场都是采用漏缝板式的栏舍和水冲式清粪，排水量大；②冲洗栏舍的时间相对集中，冲击负荷很大；③粪便和污水量大且集中，而农业生产是季节性的，周围农田无法全部消纳；④废水固液混杂，有机质浓度较高，而且黏稠度很高。据相关数据表明：年出栏1万头育肥猪的猪场，每天产生的污水量为73 t，粪尿量约为1.05 t。

畜禽养殖场废水的主要处理方式有以下几种。

（一）生态还田

将畜禽养殖废水作为肥料直接还田用于农业种植，这是传统的处理方法，方式简单，经济有效，广被使用。该法不仅能使畜禽废水不排往外环境，达到污染物的零排放，还能将废水中有用的营养成分循环利用于土壤－植物生态系统，减少土壤化肥的施用量，实现养殖废水的资源化利用。但是这种方式也具有一定的风险，如存在传播微生物病原体的危险，当施用方式不当或者施用量过多时，可能会导致土壤污染等。

（二）物理处理技术

1. 固液分离技术

固液分离是畜禽养殖废水的预处理步骤，主要是对水清粪工艺清理出的畜禽养殖废弃物通过沉降、过滤、压缩、离心等方法进行固液分离。先是通过沉降将废弃物中的固体废弃物和废水分离，然后对其过滤进一步处理废水中的固体废弃物，降低后续处理负荷和成本。一般利用滤网等固液分离设施可去除其中 40%~65% 的固体悬浮物，降低 25%~35% 的生化需氧量（BOD）。

目前，常用的分离设备有转动筛、斜板筛、带式滤机和挤出式分离机等。规模化畜禽养殖场固液分离主要采用机械式分离，通过筛分和挤压方式实现。固液分离技术的成本和运行费用低、工艺和设备结构简单、维修方便。但是分离后的固体和液体均需进一步处理，才能满足相关要求。

2. 介质吸附法

这种方法主要是采用吸附容量较大的吸附介质材料对畜禽养殖废水中的氮、磷等进行吸附预处理，根据废水中的污染物种类不同选择不同的吸附剂，可以达到处理某种污染物的目的。王雅萍等将凹凸棒石黏土应用于畜禽养殖废水处理中，氨、氮去除率达到 75.1%。杭小帅等（2012）研究了 3 种红色黏土对畜禽养殖废水中磷的吸附去除性能，3 种红色黏土对含磷量为 35 mg/L 的养殖废水中磷的去除率均达到 90%，对含磷量 50 mg/L 养殖废水中磷的去除率均达到 85%，均显著优于活性炭。于鹄鹏等（2009）按凹凸棒土：稻壳为 9：1 的比例制成新型凹土吸附剂用于吸附处理某养殖场废水中的 NH^{4+}-N，NH^{4+}-N 的最高去除率可达 87%。高萌等研究了改性壳聚糖对畜禽废水中 Cu^{2+}、Zn^{2+} 的捕集，结果表明改性壳聚糖对复杂体系下的实际废水有很好的处理效果，出水中的 Cu^{2+}、Zn^{2+} 的残余浓度能达到国家排放标准。

3. 化学氧化法

化学氧化是利用氧化势能较高的氧化剂产生强氧化性的自由基，将水中有机物、无机物等氧化分解。这是一种新兴的水处理技术。

Hyunhee Lee 等采用 Fenton 氧化法处理 COD 浓度高达 5 000~5 700 mg/L 的畜禽养殖废水，当 Fe^{2+} 投加浓度为 4 700 mg/L、H_2O_2 投加浓度为废水初始 COD 浓度的 1.05 倍时，反应 30 min 后，COD 的去除率可达 80% 以上，甚至可达到 95%。Kaan Yetilmezsoy 等采用 Fenton 氧化法处理经过 UASB（升流式厌氧污泥床）消化的畜禽废水，其对厌氧出水中

COD 和色度的去除率分别达到 95% 和 96%。

利用电氧化和电还原作用一起，能够有效去除有机物和重金属。欧阳超等（2010）采用电化学氧化法处理养猪废水，在反应 3 h 后，养猪废水中的 NH^{4+}-N 去除率可达 98.22%，但 COD 的去除率仅为 14.04%。此外，电化学方法还能同步去除养殖废水中的抗生素、激素和重金属等污染物。李文君等（2011）采用 UV/H_2O_2 联合氧化法处理含抗生素（磺胺甲噁唑、磺胺二甲氧嘧啶、磺胺二甲嘧啶等）的畜禽养殖废水，在紫外波长 254 nm、抗生素浓度 2.0 mg/L、H_2O_2 投加量 7.0 mmol/L、pH 值 5.0 条件下，反应 1 h 后，废水中 5 种抗生素去除率均可达 95% 以上。

4. 生物处理技术

生物处理技术主要包括自然处理技术、厌氧生物处理技术、好氧生物处理技术和厌氧－好氧组合处理技术。

1）自然处理技术

自然处理技术是畜禽养殖废水传统的处理方法，主要利用天然水体、土壤和生物的物理、化学与生物的综合作用来净化污水。其净化机理主要包括过滤、截留、沉淀、物理和化学吸附、化学分解、生物氧化以及生物吸收等。其原理涉及生态系统中物种共生、物质循环再生原理、结构与功能协调原则以及分层多级截留、储藏、利用和转化营养物质机制等。这种方法投资省、工艺简单、动力消耗少，但净化功能受自然条件的制约。

自然处理的主要模式有氧化塘、土壤处理法、人工湿地处理法等。氧化塘又称生物稳定塘，是一种利用天然或人工整修的池塘进行污水生物处理的构筑物。其对污水的净化过程和天然水体的自净过程相似，污水在塘内停留时间长，有机污染物通过水中微生物的代谢活动而被降解，溶解氧则由藻类通过光合作用和塘面的复氧作用提供，亦可通过人工曝气法提供。氧化塘主要用来降低水体的有机污染物，提高溶解氧的含量，并适当去除水中的氮和磷，减轻水体富营养化的程度。

土壤处理法不同于季节性的污水灌溉，是常年性的污水处理方法。将污水施于土地上，利用土壤、微生物、植物组成的生态系统对废水中的污染物进行一系列物理、化学和生物净化过程，使废水的水质得到净化，并通过系统的营养物质和水分的循环利用使绿色植物生长繁殖，从而实现废水的资源化、无害化和稳定化。

人工湿地可通过沉淀、吸附、阻隔、微生物同化分解、硝化、反硝化以及植物吸收等途径去除废水中的悬浮物、有机物、氮、磷和重金属等。近年来，人工湿地的研究越来越受到重视，叶勇等利用红树植物木榄和秋茄处理畜禽废水中的氮、磷，结果表明两种植物对氮、磷的去除效果较好。廖新俤、骆世明分别以香根草和风车草为植被，建立人工湿地，随季节不同，湿地对污染物的去除率不同，COD_{Cr} 去除率可达 90% 以上，BOD_5 去除率可达 80% 以上。

由于自然处理法投资少，运行费用低，在有足够土地可利用的条件下，它是一种较为经济的处理方法。畜禽废水的自然生态处理技术适合我国国情，特别适宜于小型畜禽养殖场的废水处理，具有广阔的应用前景。

2）厌氧生物处理技术

畜禽养殖污水厌氧生物处理是利用厌氧微生物在无氧条件下的降解作用使污水中有机物质达到净化的处理方法。在无氧的条件下，污水中的厌氧细菌把碳水化合物、蛋白质、脂肪等有机物分解生成有机酸，然后在甲烷菌的作用下，进一步发酵形成甲烷、二氧化碳和氢等，从而使污水得到净化。

厌氧生物处理系统主要由厌氧反应器、沼气收集系统、净化系统、储存系统、使用系统及配套管线、沼液和沼渣收集、处理系统组成。厌氧反应器类型的选择和设计可根据畜禽养殖污染物的种类和工艺路线确定。畜禽养殖废水厌氧生物处理的 BOD 负荷较高，一般为 3.5 kg/(m^3 · d)，去除率可达 90% 以上。厌氧生物处理通过厌氧发酵产生沼气，在降低污水中 COD、BOD 含量的同时，实现资源化利用。该技术投资少、耗能少，不需要专门进行管理，运行费用低，因此在畜禽养殖场废水处理中得到了广泛的应用，尤其是在处理高浓度有机废水处理领域备受青睐。但是由于这种技术厌氧出水很难达到排放标准，必须与其他技术联合使用。

利用厌氧生物处理技术进行畜禽养殖场沼气工程的建设模式主要是“生态模式”。该模式的工艺流程示意如图 2-3 所示。

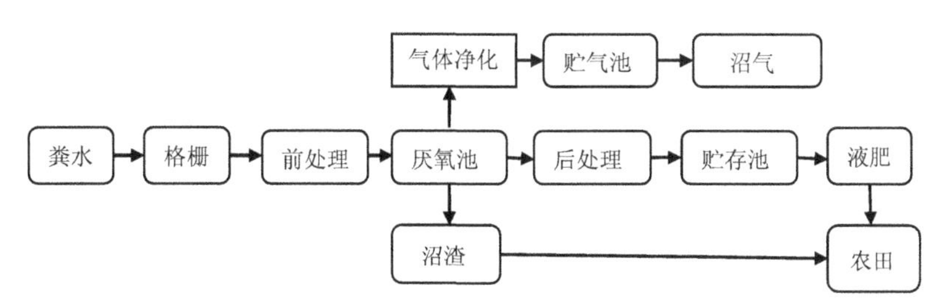

图 2-3　“生态模式”工艺流程示意

这种模式可以使畜禽粪便污水全部进入处理系统，进料 TS 浓度可达到 10% 以上，可以根据具体情况采用全混合厌氧池等厌氧消化器，产生的沼液和沼渣都可以进行综合利用，当作有机肥料用于种植业。产生的沼气可用于农户的生活燃料或者用于发电。该法是以沼气为纽带的良性生态系统，值得推广。但是这种“生态模式”工程建设要求畜禽养殖场周围有足够的农田来消纳大量的沼渣、沼液。

3）好氧生物处理技术

好氧生物处理技术的基本原理是利用微生物在好氧条件下分解有机物，同时合成自身细胞。好氧微生物以污水中的有机污染物为底物进行好氧代谢，经过一系列的生化反应，逐级释放能量，最终以低能位的无机物稳定下来，达到无害化的要求。目前，畜禽养殖废水处理常用的好氧生物处理方法主要有活性污泥法、生物滤池、生物转盘、SBR 和 A/O 等一系列工艺。

采用好氧技术对畜禽废水进行生物处理，这方面研究较多的是水解与 SBR 结合的工艺。SBR（Sequencing Batch Reactor）工艺，即序批式活性污泥法，该法是基于传统的 Fill-Draw 系统改进并发展起来的一种间歇式活性污泥工艺，它把污水处理构筑物从空间系列转化为时间系列，在同一构筑物内进行进水、反应、沉淀、排水、静置等周期循环。SBR 与水解方式结合处理畜禽废水时，水解过程对 COD_{Cr} 有较高的去除率，SBR 对总磷去除率为 74.1%，高浓度氨氮去除率达 97% 以上。此外，其他好氧处理技术也逐渐应用于畜禽废水处理中，如间歇式排水延时曝气（IDEA）法、循环式活性污泥系统（CASS）、间歇式循环延时曝气活性污泥法（ICEAS）。

通过好氧生物处理可以去除废水中的大量氮、磷、有机物等，一般用于废水厌氧消化处理的后续步骤。

4）厌氧－好氧组合处理技术

由于畜禽养殖废水性质复杂、成分多变、有机负荷及氮磷含量均较高，因此采用单一的处理工艺在经济成本和处理效果上往往不够理想，所以往往会采用组合方法对其进行系统处理，以弥补单一方法的不足，其中常用的是厌氧－好氧组合处理技术。无论是厌氧技术还是好氧技术，单独处理的时候，均无法实现畜禽养殖废水的达标外排。但是结合它们各自的优势，厌氧－好氧联合处理的时候，既克服了好氧处理能耗大和占地面积大的不足，又克服了厌氧处理达不到排放要求的缺陷，具有投资少、运行费用低、净化效果好、能源环境综合效益高等优点，特别适合于规模化畜禽养殖场污水的处理，因此大多数经济发达、集约化规模的畜禽养殖场采用厌氧（缺氧）－好氧组合处理工艺。

如杭州西子养殖场采用了厌氧－好氧组合处理工艺，养殖场废水经处理后，水中 COD_{Cr} 含量约为 400 mg/L，BOD_5 含量为 140 mg/L，基本达到废水排放标准。李金秀等采用 ASBR-SBR 组合反应器系统，ASBR 作为预处理器（厌氧）主要用于去除有机物，SBR（好氧）用于生物脱氮处理。膜生物反应器是由膜分离技术与生物反应器相结合的新型生物化学反应系统。它用膜取代了传统的二沉池，具有出水稳定、活性污泥浓度高、抗冲击负荷能力强、剩余污泥少、装置结构紧凑、占地少等优点。

利用组合处理方式的代表是“环保模式”（图 2-4），这种处理模式要求较高，养殖场必须实行严格的清洁生产，干湿分离，冲洗污水和尿进入系统。污水进行严格预处理，强化固液分离、沉淀，控制 SS 浓度。厌氧消化器采用上流式厌氧污泥床反应器（UASB）等，厌氧出水 COD 控制在 1 000 mg/L。好氧处理可采用 SBR 等，处理过程中产生的污泥可以制作有机肥或者是用作菌种出售。后处理则可采用氧化塘、人工湿地等自然处理方法，这样一来，投资少，运行管理费用低，耗能少，污泥量少，对周围环境影响较小，但是对土地占地要求较大，对气温要求较高。

畜禽养殖废水是比较难处理的有机废水，主要是因为其排量大、温度较低、废水中固液混杂、有机物含量较高、固形物体积较小，很难进行分离，而且冲洗时间相对集中，使得处理过程无法连续进行。由于废水中的 COD 和 BOD 等指标严重超标，悬浮物量大，氮磷含量丰富，氨氮含量高且不易去除，单纯采用物理、化学或者生物处理方法都很难达到排放要求。因此，一般养殖场的废水处理都需要使用多种处理方法相结合的工艺。根据畜禽废水的特点和利用途径，可采用以上不同的处理技术。

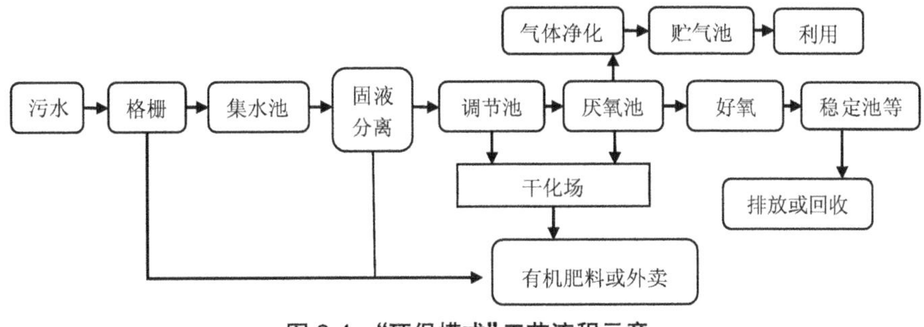

图 2-4　“环保模式”工艺流程示意

第三节　畜禽养殖业污染防治与资源化利用工程案例分析

一、“种植－养殖”一体化废弃物资源循环利用技术模式——天津益利来养殖有限公司

（一）养殖场概况

天津益利来养殖有限公司位于天津市西青区杨柳青镇西侧的大柳滩村，猪场占地面积4.8 公顷，总建筑面积 11 800 m²，建筑总投资 600 万元，其中猪舍面积 11 000 m²。养殖场内基础母猪存栏 600 头，年生产优质种猪 3 000 头，转育肥商品猪 7 000 头。

猪场废水排水水质成分见表 2-7，猪场采用干清粪工艺，废水产生量为 60 m³/ 天，猪粪产生量为 6 t/ 天，新建猪舍后猪场废水产生量达 100 m³/ 天，猪粪产生量可达 10 t/ 天。

表 2-7　猪场废水排水水质成分　　单位：mg/L

成分	COD	NH^{4+}-N	TP	SS	pH 值
含量	2 120.48~7 722.94	145.49~899.99	95.27~276.59	890.38~3 056.67	6.0~8.6

（二）“种植－养殖”一体化废弃物资源循环利用技术模式

1. 工艺流程（图 2-5）

猪场养殖废水处理流程示意见图 2-5。

2. 工艺特点

（1）猪粪干清粪与养殖污水分别处理，先对养殖污水进行固液分离后再处理。

（2）主要采用厌氧生物处理技术，结合自然处理技术，以此解决厌氧菌对抗生素和猪舍防疫药品等药物敏感导致厌氧发酵过程受到抑制的问题。

（3）对猪圈养殖废水采用厌氧－仿生态塘－藻网滤床处理，对粪污进行厌氧处理生产沼气，这样有助于处理过程的控制，并提高处理效率。另外，沼气发酵后的沼液中富含氮、磷等营养元素，将沼液按照科学合理的灌溉制度来量化使用，可以满足作物对水源和肥源的需求，不仅缓解水资源短缺的压力，同时能够降低农业生产成本。

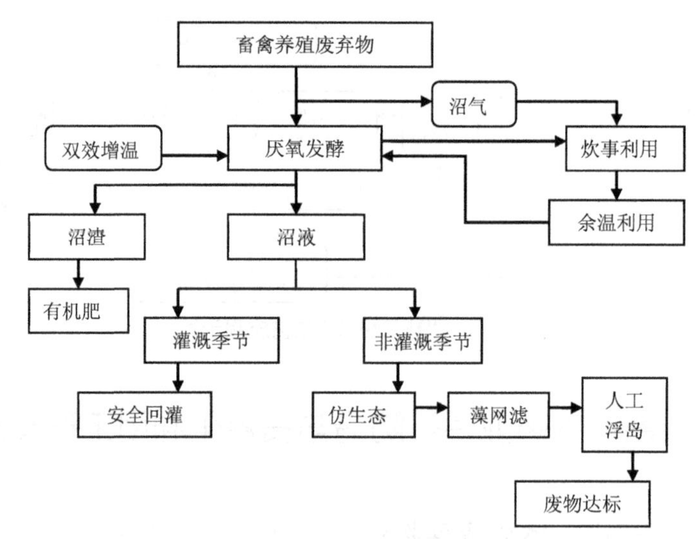

图 2-5　猪场养殖废水处理流程示意

3. 该模式的处理效果分析

1)养殖废弃物的处理效率高,减小了环境污染的压力

经过此系统处理后的养殖废水有害物质去除率高。在夏秋季节,被此方法处理过的废水最终的出水水质 COD 去除率在 94% 以上，TP 去除率在 92% 以上，SS 去除率在 90% 以上,pH 值控制在 6.5~8.5,大肠杆菌群减少了 98% 以上,结果如图 2-6 和图 2-7 所示。

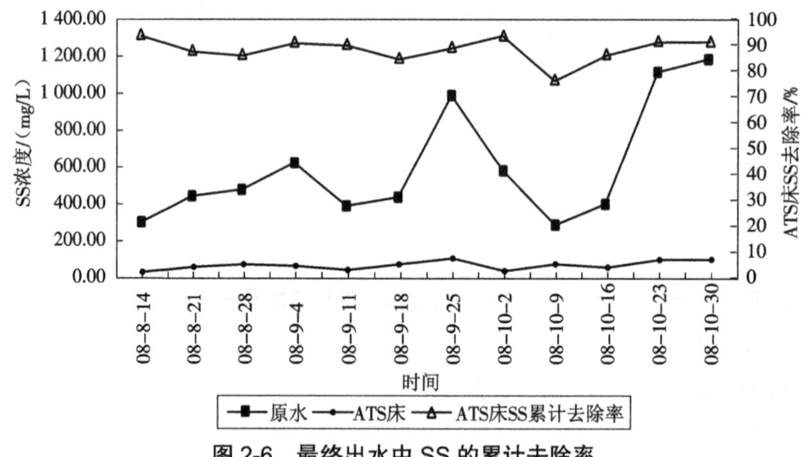

图 2-6　最终出水中 SS 的累计去除率

2)成本低,可获得可观的经济效益

首先,此模式投资成本较低,建造污水工程需要 40 万 ~50 万元,沼气工程建造需要 120 万 ~140 万元,可日处理污水 40 m^3、粪便 6 t。该系统采用全自动化进出料管理方式,运行成本低,养殖废水只需要一级提升,每吨水直接运行成本低于 0.5 元。以污水处理工程为例,计算耗电量,以每度电 0.5 元计算,一个提升泵日耗电费用为 1.5 kW/h × 2 h/d=3.0 kW/d,年耗电费用为 3.0 kW × 0.5 元 /kW × 365=0.055 万元;每吨水耗电费用为 3.0 kW × 0.5 元 /kW ÷ 40=0.037 5 元。可以看出该系统耗能极少,运行成本较低。通过养殖废水的厌氧

生态的低成本处理，不仅形成了可利用的能源，同时也实现了养殖废水的有效治理，不仅降低了排污费用和生产成本，也改善了场区环境。

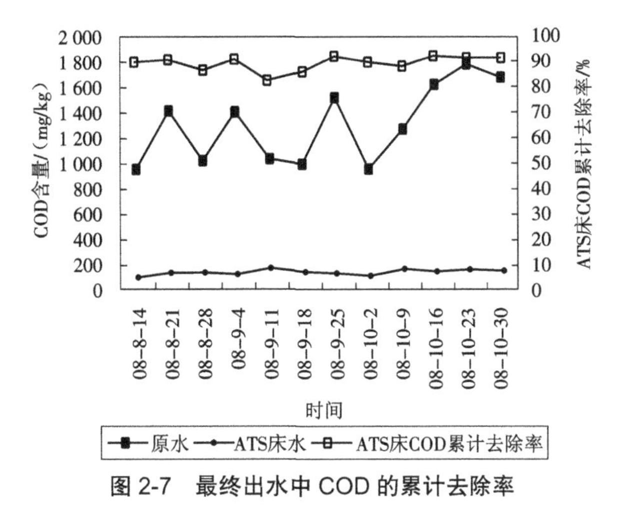

图 2-7　最终出水中 COD 的累计去除率

其次，此模式具有增值效益，推进了有机肥的生产，挖掘了市场潜力，实现了废弃物资源化增值。全混式沼气池每天可产沼气 140 m^3，污水厌氧处理系统每天可产沼气 10 m^3，按沼气 1.4 元 /m^3 计算，每天产出 210 元，全年就是 7.665 万元。生产的沼气可满足猪场和附近农户的炊事生活燃气需求。此系统处理废水后的营养元素可以满足 10 hm^2 作物需水需肥量，沼渣可作为有机肥的原料使用，年节约尿素投入 20 t，合计 2.4 万元（尿素价格按 1 200 元 /t 计算）。通过养殖场固定的清粪和销售机制，不仅为有机肥的生产提供了原材料，同时也增加了企业的收益。

3）实现畜禽养殖废弃物资源化利用，改善生态环境

养殖 - 种植一体化废弃物资源循环利用技术通过沼气发酵技术解决了场区的能源供给投入。养殖废水农田灌溉技术实现了种植 - 养殖一体化，减少了农田灌溉对淡水资源的消耗。沼气代替煤或柴薪可以减少二氧化碳等温室气体的排放。处理后的养殖废水中通常含大量农作物生长所需要的营养物质，合理使用养殖废水并充分利用其中的营养物质可以提高土壤肥力、改善土壤理化性质、减少化肥和农药施用、削减农田投资、显著提高农作物的产量及改善农产品质量，同时也为发展无公害食品创造有利条件，增加农民收入。该模式既消除了污染，又充分利用了资源，同时也为农业用水短缺的华北地区提供了可用的非常规水源，既是实施可持续发展的战略，也是发展循环农业的重要方式。

二、河南中荷牧场“牧 - 肥 - 草”模式

（一）牧场概况

河南中荷奶业科技发展有限公司是一家集奶牛饲养与良种繁育、动物饲料生产与营销、优质苜蓿种植、奶业人才孵化、高端鲜奶制品销售为一体的奶业一条龙产业化集团。该公司始创于 1998 年，是在中国与荷兰两国政府农业合作项目——中荷河南奶业培训示范中心的

基础上逐渐整合壮大的现代高科技企业。

目前，河南中荷牧场总建筑面积 3 500 m²，占地 113.3 公顷，含牧草地 93.33 公顷，拥有 1 个年产量 15 万 t 的反刍动物饲料厂、3 个示范型牛场单元和 2 个生产型牛场单元。公司存栏进口良种荷斯坦奶牛 900 余头，泌乳牛平均日单产 7 500 kg 牛乳，乳脂率为 3.9%，分别按照 5 种不同规模的荷兰标准化养殖模式饲养。牧场自有土地种植牧草，生态循环无污染，机械化挤奶，机械化饲养，管理先进，生产水平和乳品各项指标均达到欧盟国家标准。放牧区面积共 26.7 公顷，使用电围栏分隔，供牛场生产单元成母牛放牧使用。拥有优质紫花苜蓿种植基地 240 公顷以及年产量 15 万 t 的大型高档反刍动物饲料生产基地，年产销优质苜蓿干草 3 000 余吨、反刍动物专用饲料 5 万余吨。

（二）“牧－肥－草”循环模式

1. 工艺流程

中荷牧场“牧－肥－草”循环模式流程见图 2-8。

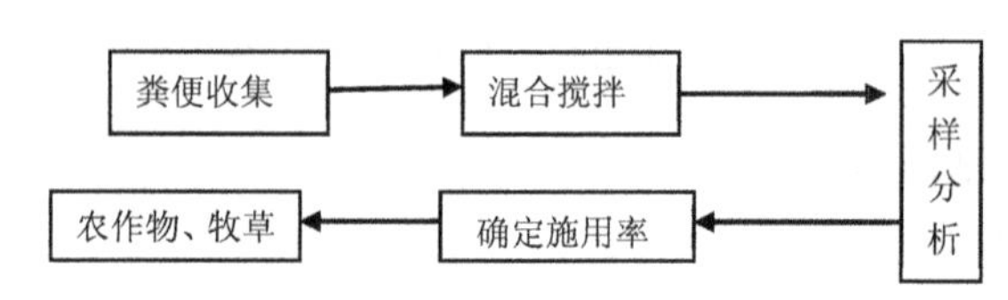

图 2-8　中荷牧场“牧－肥－草”循环模式流程

2. 工艺特点

河南中荷牧场的牛舍设计是自由栏式，舍内有方栏可供奶牛休息，地板是条形混凝土漏缝地板，粪便通过条形地板进入牛舍下面的粪窖。粪窖深达 2.2 m，由钢筋混凝土筑成，以防止液粪渗漏。在粪窖出口的位置放置可移动搅拌机，当其工作时，将水、粪便和尿液充分混合，然后用液肥灌车将混合的废液作为肥料施用于牧草地。未漏到粪窖的奶牛粪便则被清粪工人用专用工具刮进粪窖并储存起来，当土地有需求的时候，再用搅拌机搅拌，采样分析，同时对植物与土壤分析后再进行施用率的计算。

3. 该模式的资源化利用效果分析

1）减少污水排放，有利于环境保护

中荷牧场的“牧－肥－草”生态模式因牛舍安装了地下管道，实施了雨污分离。清洗用水、雨水等从明沟排放，而牛尿、粪便及冲洗污水则通过条形地板漏到粪窖当中，当作牧草有机肥料储备，因此含有大量氮、磷等元素的污水被综合利用，减少了污染物排放，具有良好的生态环境效益。此外，该模式的条形地板设计可以节约 95% 以上的冲水量，同时仅需要工人清理未漏到粪窖的余粪，因此仅需要一名清粪工，劳工成本投入极低。

2）获得可观的经济效益

中荷牧场对土壤和植物进行采样分析，根据植物营养需求和施用粪肥营养成分之间的关系进行科学配比，制成营养齐全、有机质含量高、缓冲性和速效兼备、肥效稳定的复合专用肥，可用作小麦、玉米、苜蓿等作物的肥料，10 年内节约的化肥成本可达 1 000 多万元。根据表 2-8 可以看出，每年牧场产出的牧草可以作为奶牛的优质饲料，农作物折合的干物质均高于牧场周边的土壤产出，因此获得了可观的经济效益，体现了废弃物资源化利用以及农业循环经济发展模式的优势。

表 2-8　2005 年中荷牧场土地生产情况

作物	用途	计划公顷数/hm²	实际公顷数/hm²	预计收割次数	实际收割次数	计划每次产量/(hm²)	实际每次产量/(hm²)	计划总产量/(hm²)	实际总产量/(hm²)	计划总产量/hm²(干物质)	实际总产量/hm²(干物质)
高羊茅(多)	放牧	15	15	6	5	1 000	1 000	6 000	5 000	90 000	75 000
英国黑麦草	放牧	8	8	6	5	800	800	4 800	4 000	38 400	32 000
苜蓿(多)	青贮	24	24	6	4			7 000	7 000	168 000	168 000
一年生黑麦草(春)	青贮	25	25	2	2	2 500	2 000	5 000	5 000	12 500	100 000
小麦(粮食)	自用	16	16	1	1	3 750	4 500	3 750	3 750	60 000	72 000
小麦(秸秆)	垫草	16	16	1	1	750	700	750	750	12 000	11 200
玉米	青贮	40	50	1	1	10 000	9 000	10 000	10 000	400 000	520 000
总计										780 900	978 200

运用先进的技术推进畜禽养殖废弃物的治理，加快畜禽养殖废弃物综合利用和处理，对畜禽废弃物进行减量化、无害化、资源化，可以改善农村能源建设，推动养殖业和种植业良性发展的循环经济模式，提高农业效益，增加农民收入。

三、蒙牛澳亚国际牧场的沼气发电工程模式

(一)概况

蒙牛澳亚国际牧场成立于 2004 年，位于我国呼和浩特和林格尔县盛乐经济园内，地处北纬 40° 的“世界最佳草原带”的内蒙古大草原，占地 590 公顷。2004 年，牧场引进澳大利亚乳牛 10 000 头，年产鲜奶 5.36 万 t，年出售母牛及母犊 3 200 头，公犊 3 900 头。牧场在挤奶模式上创建了全球第一个四模式复合挤奶示范点，将“机器人式”“并列式”“转台式”“鱼骨式”等 4 种挤奶方式集于一体，属世界首创。养牛示范区约占 7.3 公顷土地，展示良种牛、牛舍、产房、粪便处理等先进的养殖管理模式与生态环保处理相结合的养牛系统。种草示范区用地 467 公顷，分别展示原产地为 12 个国家的蛋白质含量极高的牧草。

牧场上万头奶牛每天产生的粪便达 500 t，处理这些粪便成为牧场的难题。经过多方考察，蒙牛投资 4 500 万元修建了用厌氧技术处理牛粪制造沼气发电的全球最大的沼气发电厂，实现了畜牧养殖废弃物的资源性综合利用。

（二）沼气发电工程模式

1. 工艺流程

牧场的沼气发电工程模式流程示意见图 2-9。

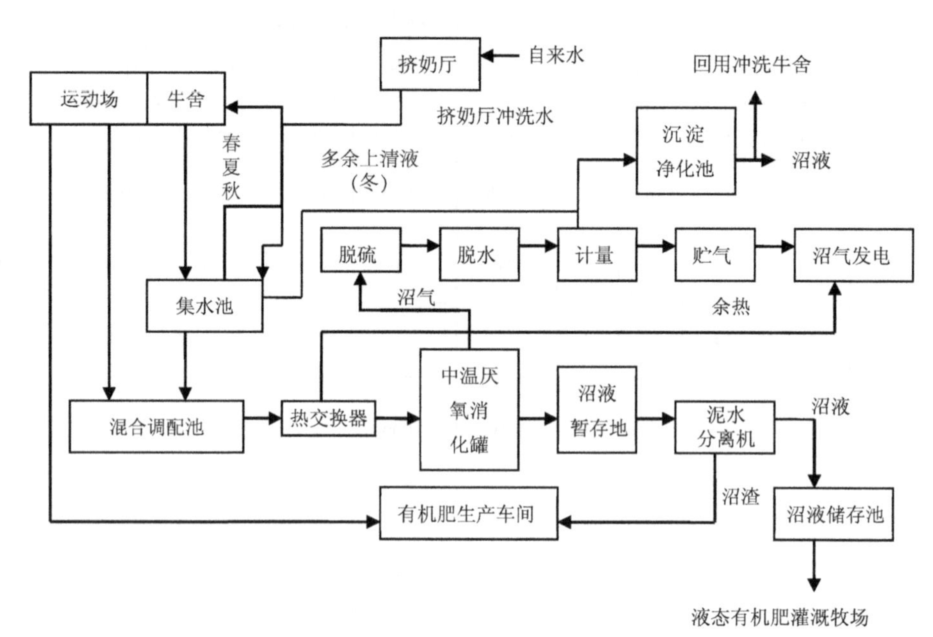

图 2-9　蒙牛澳亚牧场畜禽养殖废弃物处理模式流程示意

2. 工艺流程说明

蒙牛澳亚国际牧场畜禽养殖废弃物处理采用的是厌氧处理技术。大量的养殖废弃物经过厌氧消化后产生的沼液完全可以被 467 公顷牧草场当作有机肥料消纳。夏天，低浓度厌氧消化液可采用沉淀净化池进行进一步净化消毒处理，出水后可回用冲洗牛舍。

（1）清洁生产，以收集养殖污水。牧场实行节水型清洁生产工艺，以保证粪污处理系统的正常运行。挤奶厅大约每天使用 360 t 的挤奶机冷却水冲洗地面。当挤奶厅的冲洗水被收集沉淀后，上层清水被输送到各泌乳牛舍贮水罐用于冲洗牛舍。牧场分季节使用牛舍水冲系统，冬天采用干清粪工艺，春夏秋三季采用干清粪加水冲工艺。冲洗水经过收集、简单处理后进行循环使用，COD、BOD 等浓度高的污水进入厌氧消化系统生产沼气。

（2）粪尿收集。进入厌氧消化系统的粪尿仅为从牛舍收集来的，鲜牛粪约为总量的 85%。粪尿通过机械干清粪运往混合调配池，春夏秋三季时，残余的粪尿通过水冲洗清除。运动场的粪尿因水分蒸发、混入泥沙等因素对沼气产量贡献很小，且易对系统装置造成损害，因此这部分粪尿直接运往有机肥生产车间与沼渣一起进行有机肥生产。

（3）冲洗水沉淀、循环与收集。冬季，挤奶厅冲洗水进入集水池后，一部分用于稀释牛粪，另一部分进入沉淀净化池净化后回用去冲洗牛舍或者用于稀释沼液。其他三季，挤奶厅冲洗水进入集水池后，经过沉淀后，循环冲洗牛舍。集水池底部浓度高的污水则进入混合调配单元，进行下一步处理。

（4）厌氧消化系统。系统采用完全混合式厌氧消化工艺（CSTR），设备内设搅拌器以提高传质效率和破除浮渣。本工程利用发电余热对料液进行加温实现中温厌氧消化，并保证冬季正常产气。

（5）沼液处理利用。中温厌氧消化罐的消化液进入沼液暂存池后，利用泥水分离机进行泥水分离。分离出来的沼渣运往有机肥生产车间进行发酵，沼液进入沼液储存池储存，备用于草场灌溉。

（6）沼气净化与储存系统。刚生产出来的沼气是含有饱和水蒸气的混合气体，除了含有甲烷气体燃料和二氧化碳惰性气体以外，还含有具有毒性和腐蚀性的硫化氢和其他少量气体。因为硫化氢具有腐蚀性，如果过量会造成发动机的损坏，因此新生成的沼气不适合直接作为发动机燃料。以牛粪作为原料生产的沼气中硫化氢的含量较高，为 2 000 mg/m³，需要经过脱硫处理才可使用。因此，电站的沼气系统除了常规装置外，还装有气水分离、脱硫等净化处理装置，经过生物脱硫塔和氧化铁脱硫塔两级脱硫后，沼气的硫化氢含量约为 400 mg/m³。在稳定工作条件下，中温厌氧消化罐每天产生约 12 000 m³ 的沼气，经过净化处理后，进入 1 000 m³ 的干式储气柜，储气柜的沼气经过沼气输送泵输送到发电机房供发电使用。

（7）沼气发电。本工程发电系统是按照日产沼气 12 000 m³、每立方米沼气发电 2.2 kW·h 设计的，预计日发电量为 26 000 kW·h，发电余热用于中温厌氧消化加热升温。

（8）发电余热利用。为了维持料液中温厌氧消化所需的温度，需要对料液进行加热，加热料液的热量需要由外部热源提供。本项目利用粪尿污水厌氧消化产生的沼气进行发电，沼气发电系统运行中产生大量余热，将其作为加热料液的热源，这样可以节约大量的热能。

（9）有机肥生产系统。该工程平均每天产生沼渣 62 t 左右，运动场清理干粪 42 t 左右，总共约 104 t，干物质为 16 t 左右，可以作为有机肥制作的原料。

有机肥生产工艺流程如图 2-10 所示。运动场收集的粪便以及牛舍粪便经过固液分离后产生的粪渣以及沼渣一起经太阳能好氧发酵生产有机肥。此工序充分利用太阳能，有效利用原料自身在发酵过程中产生的生物能，因此是耗能和处理成本都极低的方式。

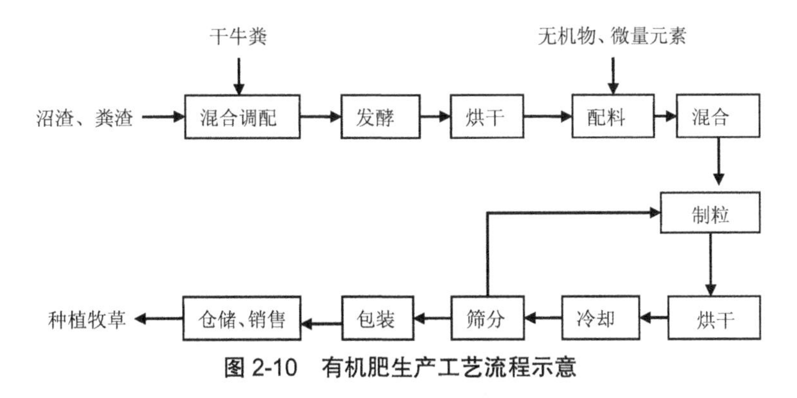

图 2-10　有机肥生产工艺流程示意

3. 该模式的资源化利用效果分析

1)经济效益巨大

沼气发电是生物质能转换为更高品位能源的一种表现方式,资金回报率极高,属于国家积极提倡扶持的项目。蒙牛集团投资兴建澳亚示范牧场大型沼气发电综合利用工程,实现日处理牛粪 500 t,日生产沼气 1.2 万 m^3,日发电 3 万 kW·h,每年生产有机肥约 20 万 t,每年向国家电网提供 1 000 万 kW·h 的电力,直接并入国家电网,并与国家电网签订了购、售电协议。此外,年产固体有机肥 12 800 t,液态有机肥 18 万 t,出售到市场用于种植高档菌类植物。所生产的中水全部用于园区绿化供水与牧草灌溉;发电产生的热能用来维护牧场的日常供暖等项目。

这种集种植、养殖、生产、生物质能发电、有机肥生产良性循环为一体的绿色循环经济模式为蒙牛集团带来了巨大的经济效益。蒙牛集团将绿色行动转化为一种可以赢得回报的投资行为,让环保产业成为企业道德优势之外的一个真正的竞争优势。

2)生态环境效益巨大

蒙牛澳亚国际牧场沼气发电项目最大的优点是实现了牧场粪便污水无公害、无污染、零排放。该项目通过"草→牛→粪污→沼(有机肥)肥草"的循环生态经济模式将植物的营养物质和水分回用于牧草和青贮饲料的种植,维护了内蒙古草原的生态环境。牧场污水的循环利用可以缓解内蒙古缺水的现状,达到了节约用水的目的。此外,牧场牛粪和养殖废水经过厌氧消化处理后,可以将其中的有毒物质、寄生虫、病原体等杀灭消除,有效地防治了人畜共患病的危害,降低了畜禽废弃物对水体和大气的污染,有利于生态环境的可持续发展,同时也是公共卫生安全的需要。

3)社会效益巨大

蒙牛澳亚国际示范牧场大型沼气发电综合利用工程(图 2-11)技术成熟,整体水平达到国际先进、国内领先,并对其他牧场粪污处理起到示范带动作用。联合国开发计划署特别对此项目授予"加速中国可再生能源商业化能力建设项目""大型沼气发电技术推广示范工程"等称号。在目前国家能源紧缺的环境下,该项目的意义非常重大,不仅为中国乳品行业的可持续发展做出了卓越贡献,也是世界养殖产业可再生能源利用的标志性项目。

图 2-11 蒙牛澳亚国际示范牧场大型沼气发电厂

第四节 畜禽养殖业污染防治与资源化利用政策分析及环境管理

近些年来，畜禽规模养殖的快速发展对我国城乡，特别是对农业、农村生态环境造成了巨大威胁。畜禽规模养殖污染防治引起了各级政府的重视，并逐步纳入国家环境政策体系，初步形成了包括法律法规、规划、标准和技术规范等的畜禽规模养殖污染防治制度体系。

一、我国畜禽养殖业污染防治与资源化利用法律政策

（一）国家层面上我国畜禽养殖污染防治与资源化利用法律法规

近几年，我国针对畜禽规模养殖污染出台了一系列法律法规、规划、标准和技术规范，涵盖了产前发展规划及选址、准入条件、规模与污染设施建设要求、产中技术操作规范、产后废弃物排放标准、相关评价审核制度、扶持政策等多方面。

1. 立法现状

我国目前与畜禽养殖污染防治相关的法律有7部，直接提及畜禽养殖污染的法律有3部，分别为《畜牧法》《固体废弃物污染环境防治法》《清洁生产促进法》；间接涉及畜禽养殖污染的法律有4部，分别为《环境保护法》《水污染防治法》《大气污染防治法》和《动物防疫法》。

《畜牧法》是我国目前唯一的一部对畜禽养殖污染防治作了详细规定的法律。相关的条款包括我国畜禽养殖污染防治的立法思考，主要包括：①畜牧业生产经营者应当依法履行环境保护义务；②畜禽养殖场、养殖小区应当有污染物再利用或者无害化处理设施；③畜禽养殖场应当建立养殖档案，载明病死畜禽无害化处理情况；④禁止环境敏感区域建设畜禽养殖场；⑤畜禽养殖场、养殖小区应保证污染物达标排放，防止污染环境；⑥畜禽养殖场、养殖小区违法排污造成环境污染危害的，应当排除危害，依法赔偿损失；⑦国家支持畜禽养殖场、养殖小区建设畜禽污染物综合利用设施。

《固体废弃物污染环境防治法》中明确规定，从事畜禽规模养殖应当按照国家有关规定收集、贮存、利用或者处置养殖过程中产生的畜禽粪便，防止环境污染。

《清洁生产促进法》中明确规定，农业生产者应当科学地使用饲料添加剂，改进养殖技术，实现农产品的优质、无害和农业生产废弃物的资源化，防止农业环境污染。

《环境保护法》规定了农业环境保护的内容，但是没有把畜禽养殖污染纳入其中。

《水污染防治法》没有提及畜禽养殖对地下水和地表水的污染，相关内容仅是关于含病原体污水的排放、企业输送或贮存污水的一些规定。

《大气污染防治法》也没有明确指出畜禽养殖业的恶臭污染，只是粗略地规定向大气排放恶臭气体的排污单位必须采取措施防止周围居民区受到污染。

《动物防疫法》主要是针对动物疫病防治所作的法律规定，其中与畜禽养殖污染相关的内容只涉及病死畜体的无害化处理。

2. 行政法规、部门规章及其他规范性文件

1)行政法规

与畜禽养殖污染防治相关的行政法规主要有 1999 年国务院制定、2001 年修订后颁布的《饲料及饲料添加剂管理条例》,其明确了政府、管理部门、企业三者责任,规定了饲料生产、经营和使用单位的禁止行为等。

2012 年发布的《全国畜禽养殖污染防治“十二五”规划》是中国首次出台的针对畜禽养殖污染防治的专项规划,其基本思路是践行生态文明理念,按照“发展中保护、保护中发展”的要求,以推动农牧结合、种养平衡、循环利用为根本手段,提高农业资源综合利用效益,减少污染物排放,保障区域环境质量和畜牧业健康持续发展。

2014 年开始实施的《畜禽规模养殖污染防治条例》是中国第一部专门针对农业农村环保领域的行政法规,采取“疏堵结合”的立法思路,通过促进畜禽养殖废弃物综合利用,变废为宝,减少畜禽养殖废弃物随意排放,以大力提升我国畜禽养殖废弃物综合利用的整体水平及畜禽养殖业的环境保护水平,有利于从根本上突破农业可持续发展面临的资源和环境瓶颈,对畜禽规模养殖污染防治工作的推进具有重大意义。

2015 年农业部、国家发展改革委、科技部、财政部、国土资源部、环境保护部等联合发布《全国农业可持续发展规划(2015—2030 年)》,其中规划了综合治理养殖污染的主要任务。该规划支持规模化畜禽养殖场(小区)开展标准化改造和建设,提高畜禽粪污收集和处理机械化水平,实施雨污分流、粪污资源化利用,控制畜禽养殖污染排放;到 2020 年和 2030 年养殖废弃物综合利用率分别达到 75% 和 90% 以上,规模化养殖场畜禽粪污基本实现资源化利用,实现生态消纳或达标排放;在饮用水水源保护区、风景名胜区等区域划定禁养区、限养区,全面完善污染治理设施建设; 2017 年底前,依法关闭或搬迁禁养区内的畜禽养殖场(小区)和养殖专业户,京津冀、长三角、珠三角等区域提前一年完成;建设病死畜禽无害化处理设施,严格规范兽药、饲料添加剂的生产和使用,健全兽药质量安全监管体系。该规划围绕重点建设任务,针对最需要、最关键、最薄弱的环节,统筹安排中央预算和财政资金,积极引导带动地方和社会投入,组织实施一批重大工程,其中就包括畜禽粪污综合治理项目,具体内容为“在污染严重的规模化生猪、奶牛、肉牛养殖场和养殖密集区,按照干湿分离、雨污分流、种养结合的思路,建设一批畜禽粪污原地收集储存转运、固体粪便集中堆肥或能源化利用、污水高效生物处理等设施和有机肥加工厂。在畜禽养殖优势省区,以县为单位建设一批规模化畜禽养殖场废弃物处理与资源化利用示范点、养殖密集区畜禽粪污处理和有机肥生产设施。”

2015 年农业部办公厅下发的农办科 [2015]24 号文件《农业部关于打好农业面源污染防治攻坚战的实施意见》明确了推进养殖污染防治的重点任务,要求“各地要统筹考虑环境承载能力及畜禽养殖污染防治要求,按照农牧结合、种养平衡的原则,科学规划布局畜禽养殖。推行标准化规模养殖,配套建设粪便污水贮存、处理、利用设施,改进设施养殖工艺,完善技术装备条件,鼓励和支持散养密集区实行畜禽粪污分户收集、集中处理。在种养密度较高的地区和新农村集中区因地制宜建设规模化沼气工程,同时支持多种模式发展规模化生物天

然气工程。因地制宜推广畜禽粪污综合利用技术模式，规范和引导畜禽养殖场做好养殖废弃物资源化利用。加强水产健康养殖示范场建设，推广工厂化循环水养殖、池塘生态循环水养殖及大水面网箱养殖底排污等水产养殖技术。”

2）部门规章及其他规范性文件

2001 年实施的《畜禽养殖业污染物排放标准》为国家强制性标准，此外，我国还颁布了若干行业推荐性标准和部门规范性文件。国家环保总局于 2004 年 2 月制定了《关于加强农村生态环境保护工作的若干意见》，对畜禽养殖污染防治作了比较详细的规定：对新建、扩建或改建的具有一定规模的养殖场（厂），必须按照国家《建设项目环境保护管理条例》的规定，督促建设单位认真执行环境影响评价制度和“三同时”制度；对于“三河”“三湖”等国家和地方明确划定的重点流域和重点地区以及大中城市周围的中等以上规模的集约化养殖场（厂），必须进行限期治理。

国务院办公厅 2005 年制定了《关于扶持家禽业发展的若干意见》，其中部分内容涉及畜禽养殖污染防治问题等。比如，对扑杀后的畜禽要进行无害化处理；对重点养殖小区和规模化养殖场的防疫设施、粪污处理设施建设要给予必要的支持。

2007 年 11 月国家环保总局等制定的《关于加强农村环境保护工作的意见》指出，要把农村污染治理和废弃物资源化利用同发展清洁能源结合起来，大力发展农村户用沼气，鼓励建设生态养殖场和养殖小区，通过发展沼气、生产有机肥和无害化畜禽粪便还田等综合利用方式，重点治理规模化畜禽养殖污染，实现养殖废弃物的减量化、资源化、无害化。

上述为我国新时期的关于畜禽养殖污染防治的政策，对我国畜禽养殖业可持续发展产生了积极的影响。

（二）地方性法规及规章

各地区针对畜禽养殖业的可持续发展，为推进畜禽养殖废弃物的综合利用和无害化处理，保护和改善环境，相继制定法规规章。到目前为止，浙江、福建、宁夏回族自治区、四川、广西壮族自治区、山东等省份及自治区制定了省级畜禽规模养殖污染防治管理办法或实施方案，浙江、广东、山东制定了畜禽规模养殖业污染物排放地方标准，宁夏回族自治区制定了农村畜禽养殖污染防治技术规范。

上海市在 1995 年就制定了《上海市畜禽污染防治暂行条例》，除了对污染防治原则、养殖场选址、畜禽粪便处理、排污口设置、排污许可证办理、排污收费、病死畜体处理等相关内容作了常规性规定外，还细化了排污标准。

天津市在 2006 年根据《畜牧法》制定了《天津市畜禽养殖管理办法》，对养殖场规划布局、养殖管理、法律责任作了详细规定，里面涉及一些畜禽污染防治的内容，比如“畜禽养殖场排放污染物应当符合国家和本市规定的排放标准。畜禽养殖场应当设置符合环保要求的畜禽粪便堆放场所，实行无害化处理，并采取有效措施，防止畜禽粪便的散落、溢流。畜禽养殖场不得向水体等环境直接排放畜禽粪便、污水等污染物。”但其并不是专门针对畜禽养殖废弃物污染防治的法规。

浙江省政府通过了《浙江省畜禽养殖污染防治方法》，规定畜禽养殖场可以自行配套农田、园地、林地等对畜禽养殖废弃物就近就地消纳利用,也可以通过与养殖、种植经营者或基地、合作社签订消纳协议进行异地消纳利用。畜禽养殖废弃物用作肥料的,应当与土地的消纳能力相适应,并采取有效措施,消除可能引起传染病的微生物。另外,农田、园地、林地等作为畜禽养殖废弃物消纳用地的,应当按照省有关要求配套建设储存池、输送管道、浇灌设施等设施设备。染疫畜禽以及染疫畜禽排泄物、染疫畜禽产品、病死或者死因不明的畜禽尸体等病害畜禽养殖废弃物,应当按照国家和省有关动物防疫的规定进行无害化处理,不得随意处置。这是目前唯一的地方性专门的畜禽养殖污染防治管理办法和畜禽养殖业排放地方标准的法规。国家畜禽养殖废弃物污染防治主要的法律、法规、政策见表 2-9。

表 2-9　中国畜禽养殖废弃物污染防治主要法律、法规、政策

年份	类型	法律、法规、政策
2001	部门规范性文件	国家环保总局令第 9 号《畜禽养殖污染防治管理办法》
2001	中国环境保护行业推荐性标准	《畜禽养殖业污染防治技术规范》(HJ/T 81—2001)
2001	中国国家强制性标准	《畜禽养殖业污染物排放标准》(GB 18596—2001)
2004	中国国家推荐性标准	《畜禽场环境质量评价准则》(GB/T 19525.2—2004)
2006	中国农业行业推荐性标准	《畜禽粪便无害化处理技术规范》(NY/T 1168—2006)
2006	中国农业行业推荐性标准	《畜禽场环境污染控制技术规范》(NY/T 1169—2006)
2009	中国环境保护行业标准	《畜禽养殖业污染治理工程技术规范》(HJ 497—2009)
2010	中国环境保护行业标准	《农业固体废弃物污染控制技术规范》(HJ 588—2010)
2010	部门规范性文件	《畜禽养殖污染防治技术政策》(环发〔2010〕)
2010	中国环境保护行业标准	《畜禽养殖产地环境评价规范》(HJ 568—2010)
2012	部门规划	《全国畜禽养殖污染防治"十二五"规划》
2014	农业农村环保行政法规	《畜禽规模养殖污染防治条例》(国务院令第 643 号)

(三)强制型环境政策

强制型环境政策是指强制相关主体执行的各类环境法律法规,包括各种环境标准、必须执行的命令规定和不可交易配额等。强制型政策目标明确,执行到位能够较快达到预期的环境效果,但缺点是执行监督成本较高。中国畜禽规模养殖污染防治中的强制型环境政策主要应用在区域养殖发展规划、养殖总量控制、养殖排放标准、畜禽规模养殖市场准入、种养布局调整、环境监管等方面。

广东省环境保护厅发布的《关于加强规模化畜禽养殖污染防治促进生态健康发展的意见》(粤环发〔2010〕78 号)在养殖规划方面要求"科学规划布局,各地要加快编制和实施畜禽养殖业发展规划,认真开展规划环境影响评价,依法划定禁养区。各地禁养区划定情况应于 2010 年底前报省环境保护厅和农业厅备案。各地可根据当地环境承载能力和总量控制要求划定限养区、适养区,优化畜禽养殖业总体布局,加强养殖废弃物污染综合治理。"环境监管方面要求"各地要重点加强对饮用水源保护区的监管,于 2010 年 12 月底前依法完成饮用水源保护区内所有畜禽养殖场(区)的关闭或拆除工作。东江流域各县级以上人民政府要进一步完善禁养区的划定，依据实际将重要河段或区域划为禁养区，按照流域环境污染状况、环境承受能力和总量控制要求制定清理整治方案，于 2010 年 9 月底前依法完成禁养区内畜禽养殖场（区）的关闭或拆除工作，2010 年 12 月底前依法完成对非禁养区的清理整顿工作；对非禁养区内现有未经审批的畜禽养殖场（区），要依法予以关闭或责令其限期完善相关审批手续；对非禁养区内审批手续齐全但污染物不能达标排放的畜禽养殖场（区），要依法责令其限期治理，逾期未完成整改的坚决予以停业、关闭。"

浙江省在畜禽规模养殖污染防治过程中应用的命令强制型环境政策在养殖排放方面要求各级政府建立污染物排放总量控制制度，提出到 2015 年规模畜禽养殖排泄物、"三沼"（沼气、沼渣、沼液）综合利用率分别达到 97% 和 95%；明确定义了各养殖品种"规模养殖场"概念，对"规模养殖场"排放设立具体量化标准，该标准严于国家标准；在环境监管方面，要求各级政府严格执行禁养、限养规划。2005 年以来，浙江省陆续开展"811"行动、"三拆一改"和"五水共治"等行动，对已经存在的不符合标准的养殖场，整合资金强制拆迁或让其搬离。以嘉兴市、衢州市为例，2014 年当地政府分别对所拆猪舍总计补偿每平方米分别约 500 元和 300 元。出台文件明确处罚标准，对造成环境污染的养殖场可处以 1 000 元以上、1 万元以下的罚款，情节严重的，可处以 1 万元以上、5 万元以下的罚款。

天津 2013 年实施财政扶持畜禽粪污综合治理方案，规划从 2013 年至 2015 年采取种养一体、生态养殖等多种治理模式，对 718 家规模化畜禽养殖场的粪污进行综合治理，以杜绝养殖场向公共水域排放畜禽养殖污染物。

（四）经济激励型环境政策

经济激励型环境政策也称环境经济政策，是指以市场为基础，通过改变市场信号影响政策对象的经济利益从而引导其改变行为的政策总称。用政府干预来解决环境问题，其核心思想是由负外部性主体承担外部费用或对正外部性主体给予补贴，主要有各种环境税费、环境补贴、建立抵押金制度等。

目前，应用于我国畜禽养殖污染防治的经济激励型环境政策主要有畜禽养殖废弃物相关行业的生产补贴、使用补贴、财税优惠以及金融支持等、种养结合经营主体的土地流转补贴及污染设施建设运行补贴以及生态补偿机制的构建。

1. 畜牧标准化规模养殖支持政策

2015 年，中央财政共投入资金 13 亿元支持发展畜禽标准化规模养殖。其中，中央财政安排 10 亿元支持奶牛标准化规模养殖小区（场）建设，安排 3 亿元支持内蒙古、四川、西藏、甘肃、青海、宁夏、新疆以及新疆生产建设兵团肉牛、肉羊标准化规模养殖场（小区）建设。支持资金主要用于养殖场（小区）水电路改造、粪污处理、防疫、挤奶、质量检测等配套设施建设等。2016 年，国家继续支持奶牛、肉牛和肉羊的标准化规模养殖。为调动地方政府发展生猪养殖的积极性，2014 年中央财政安排奖励资金 35 亿元，专项用于发展生猪生产，具体包括规模化生猪养殖户（场）圈舍改造、良种引进、粪污处理的支出以及保险保费补助、贷款贴息、防疫服务费用支出等。奖励资金按照"引导生产、多调多奖、直拨到县、专项使用"的原则，依据生猪调出量、出栏量和存栏量权重分别为 50%、25%、25% 进行测算。

2. 养殖环节无害化处理的补贴政策

该政策包括养殖环节病死猪无害化处理补助政策，对养殖环节病死猪无害化处理给予每头 80 元的补助，由中央和地方财政分担，中央财政对一、二、三类地区分别给予 60 元、50 元、40 元补助，地方财政分别承担 20 元、30 元、40 元。

3. 养殖业废弃物资源化利用支持政策

2016 年，中央一号文件明确提出继续实施种养业废弃物资源化利用。针对养殖业废弃物资源化利用的相关政策有以下几项。2015 年，中央财政安排 1.8 亿元，在河北、内蒙古、江苏、浙江、山东、河南、湖南、福建、重庆等 9 省、市、自治区开展畜禽粪便资源化利用试点项目。资金主要用于对畜禽粪便综合处理利用的主体工程、设备（不包括配套管网及附属设施）及其运行进行补助。通过项目实施，探索形成能够推广的畜禽粪便等农业农村废弃物综合利用的技术路线和商业化运作模式。2015 年，中央财政安排 1.4 亿元，继续实施农业综合开发秸秆养畜项目，带动全国秸秆饲料化利用 2.2 亿 t。2016 年，上述项目在调整完善后继续实施。

4. 农村沼气建设支持政策

2001 年，中央财政设立安排了农村小型公益设施建设补助资金农村能源项目，对沼气建设给予一定的资金补贴。2006 年，国家颁布了《国民经济和社会发展第五个五年规划纲要》，把部分规模化畜禽养殖场和养殖小区大中型沼气工程作为新农村建设的重点工程和中央政府投资支持的重点领域。同年，国家环保总局颁布了《国家农村小康环保行动计划》，把防治规模化畜禽养殖污染作为行动计划的重点领域，并计划到 2010 年完成 500 个规模化畜禽养殖污染防治示范工程建设。2007 年 11 月，国家环保总局等制定的《关于加强农村环境保护工作的意见》指出，要把农村污染治理和废弃物资源化利用同发展清洁能源结合起来，大力发展农村户用沼气，鼓励建设生态养殖场和养殖小区，通过发展沼气、生产有机肥和无害化畜禽粪便还田等综合利用方式，重点治理规模化畜禽养殖污染，实现养殖废弃物的减量化、资源化、无害化。2016 年，农业部会同国家发展改革委继续支持规模化生物天然气工程试点项目和规模化大型沼气工程建设，进一步探索创新扶持政策和体制机制，使农村沼气工程向规模发展、生态循环、综合利用、智能管理、效益拉动方向转型升级。生物天然气工程需日产生物天然气 1 万 m^3 以上，农业部鼓励地方政府增加对试点项目所产生物天然气全额收购或开展配额保障收购试点。规模化大型沼气工程（不含规模化生物天然气工程）厌氧消化装置总体容积需为 500 m^3 以上，政府支持能够有效推进农牧结合和种养循环、实现“三沼”充分利用、促进生态循环农业发展的工程项目，重点支持沼气工程全程智能控制、沼肥智慧化加工应用、带动附加产业融合发展的项目。原来的户用沼气、中小型沼气、服务网点等项目由各省自行建设。

5. 对生产有机肥的企业实行经济鼓励型政策

（1）对生产有机肥的企业实行免税的税收政策。国家财政部税务总局下发的《关于有机肥产品免征增值税的通知》自 2008 年 6 月 1 日起实施，纳税人生产、销售和批发、零售有机肥产品免征增值税。享受免税政策的有机肥产品是指有机肥料、有机－无机复混肥料和生物有机肥。享受免税政策的纳税人应按有关规定，单独核算有机肥产品的销售额。未单独核算销售额的，不得免税。

(2)财政部2014年公布了《关于印发支持有机肥生产试点指导意见的通知》，从2014年开始，选择部分地区开展以农作物秸秆综合利用为主的有机肥生产试点项目，兼顾畜禽粪便无害化处理生产有机肥等其他循环农业经济发展项目。单个试点项目安排中央财政补助资金规模为300万元左右，由国家农发办单独安排资金扶持。地方财政资金和自筹资金投入比例、财政资金使用范围等均按照农业综合开发产业化经营项目现行政策规定执行。

二、畜禽养殖业污染防治和资源化利用法律政策存在的问题

我国在促进畜禽养殖可持续发展的环境法律政策方面已经取得了一定的成就，但是从上述畜禽养殖污染防治和资源化利用环境管理法律政策的梳理可以看出，从污染防治和废弃物资源化角度来看还存有一些问题。

(一)对畜禽养殖污染防治治理和废弃物资源化利用的重视程度不够

我国专门针对畜禽养殖污染防治的立法较晚，2014年才出台第一部具有针对性的污染防治、促进畜禽养殖废弃物综合利用的法律法规《畜禽规模养殖污染防治条例》，但是其真正实行起来还存在很多问题，如畜禽养殖场自觉遵守该法的少，面对大量的中小规模养殖场，环保执法遇到相当大的困难和阻力，相应的处罚往往无法落实。总之，由于政府承担的环保和污染治理的责任较少，养殖污染治理资金总投入较低，即使有相关的政策扶持畜禽养殖废弃物的处理和防治项目，但是对资金投入并没有硬性要求，尤其是对地方政府资金投入方面没有强制性规定，使得很多鼓励型政策在地方无法真正落实，导致畜禽养殖污染防治环境管理政策体系流于形式，难以实现。

(二)现有法规政策针对的对象单一，不适应现状，导致法规政策无法真正施行

现有法律法规和规范性文件的适用对象主要是规模化畜禽养殖场和养殖小区，对具有一定规模的养殖专业户和散养农户的管制比较少。虽然我国畜禽养殖业正在向集约化、规模化、产业化发展，但是还处在过渡阶段，规模化养殖场虽然日益见多，但是实际上受到地区经济水平、农村硬件水平等客观因素限制，即使国家鼓励和支持规模化畜禽养殖方式，但是具有规模化的畜禽养殖场或科学养殖小区仍占农村畜禽养殖总量中很少的一部分，我国养殖专业户和散养农户还是占据主体，而法律上对于这部分群体并没有明确限制。另外，在“规模化养殖场”和“养殖小区”等的界定上，各行业规模标准不一致，因此使得很多养殖户打擦边球，不按照相关要求进行建设、管理和处理废弃物，因而导致环境污染。

(三)市场机制下的畜禽养殖污染防治和资源化利用环境政策体系不健全

我国在推进畜禽养殖污染防治工作中限制性的强制型环境政策较多，如技术规范类和性质管制类，对于环境规划制度、环境影响评价制度等运用较多，如排污收费、罚款等，而经济激励型环境管理政策较少。虽然在《清洁生产促进法》中有资金扶持、税收优惠等鼓励政策，但该法定位于“促进法”，且主要是面向工业企业，对畜禽养殖企业就没有照顾到。《畜禽规模养殖污染防治条例》明确了扶持政策方向，但缺少量化指标，在实际工作中可操作性

不强，在执行上政策效果大打折扣。而关于环境补贴、技术推广、财税优惠、金融支持等经济激励型政策在各地政府落实实施时运用较少。

（四）相关环境政策制定实施缺乏整体性和配套性

畜禽养殖废弃物具有资源化利用的特性，在能源、饲料、肥料等方面发挥重要作用。政府制定出台相关环境法规政策时，通常没有充分考虑到畜禽养殖污染的排放特征和经济属性，多以出台单项政策为主，政策的目标主体以养殖者为主，缺乏畜禽养殖废弃物资源化利用相关的行业领域的配套政策，最终使政策实施的效果大打折扣。

（五）对畜禽养殖污染防治技术以及畜禽养殖废弃物综合利用技术不重视

目前，我国在法规政策方面较少涉及技术研发和推广方面，即使目前已经有《畜禽养殖业污染治理工程技术规范》《畜禽养殖污染防治技术政策》等技术标准，但是它们主要是以单项养殖污染防治技术为主，而缺乏整体配套污染防治技术的标准。目前我国在畜禽养殖污染防治环境政策中更多地关注对污染无害化处理技术的研发和推广的支持，而养殖废弃物资源化利用技术的发展相对滞后。因此，缺乏畜禽养殖污染防治技术整体性配套的鼓励型政策，在养殖过程中缺少技术操作规程，或养殖户在养殖使用过程中不重视规程，这都使得污染防治达不到预期效果。总之，适应畜禽养殖污染排放和经济特征，并能够充分发挥市场资源配置作用的畜禽养殖污染防治政策体系仍未建立。

三、完善畜禽养殖业污染防治和资源化利用法律政策的建议

我国关于畜禽养殖污染防治和资源化利用的法律政策的完善需要以可持续发展为原则，以畜禽养殖业与环境和谐发展为目标，根据畜禽养殖业污染排放的特征、畜禽养殖废弃物的特性和经济发展来进行进一步的体系构建。

（一）加大政策支持力度，因地制宜地制定地方法规制度

我国地域广袤，农业资源以及气候条件呈现区域特征，导致我国中央政府在制定畜禽养殖污染防治法律法规的时候不能面面俱到，只能选取共性，以便具有可操作性。这样一来，只具有指导性质的法律法规在各地执行过程中就会出现五花八门、执行效果水平参差不齐的现象，尤其是经济激励型政策在地方执行时，往往就会出现资金缩水、资金不到位等情况。因此，我国在制定养殖污染防治政策时，应该明确中央政府的指导地位，明确地方政府在养殖污染防治中的主要责任和主要作用，鼓励各地政府根据地区的经济水平、气候条件等因素因地制宜地制定地方性法规和规章制度。

在政策体系构建时，应该充分考虑畜禽养殖废弃物资源化利用环环相扣、污染治理资金需求大、各地财政水平参差不齐的现状，加大中央财政支持力度，出台畜禽规模养殖污染防治专项资金，明确规定畜牧业生产扶持项目资金中用于污染治理的资金比例。地方政府在执行的时候，应根据当地畜禽养殖业的发展情况、畜禽饲养规模、地区资源与环境状况，细化法律条款，制定适于本地畜禽养殖业绿色发展的政策。

（二）加大对循环畜禽养殖产业的扶持

畜禽养殖业在未来应该以绿色发展理念为指导思想，以保护环境和生态健康为基本前

提，因此在我国发展畜禽养殖业应该坚持把节约优先、保护优先、自然恢复作为基本方针，把绿色发展、循环发展、低碳发展作为基本途径，大力发展循环经济。我国畜禽养殖业已经成为农民增加收入、改善生活水平的重要渠道，因此，我国在畜禽养殖污染治理过程中不能仅是就事论事，堵住污染源头，而更应该按照“减量化、再利用、再循环”的原则发展循环畜禽养殖业，很好地把规模化饲养与污染防治有机地结合起来。这就要求政府出台相关的政策，给予促进畜禽养殖废弃物资源化利用相关产业如有机肥、沼气发电等企业大力发展的优惠政策，如减免税收、财政补贴、制定相关的产品标准和操作技术规范等。通过推动畜禽养殖业废弃物资源化利用产业的发展，为社会资本进入产业创造良好的机遇。

（三）注重发挥市场作用，加大对环境经济政策的利用

我国的畜禽养殖污染防治的相关法律大多都采用强制型环境政策，如对违法者进行罚款，在其他规范性文件中才会出现补贴等经济激励型环境政策。实际上，通过借鉴欧美发达国家的经验，我国政府更应该注重市场在畜禽养殖污染防治中发挥的重要作用，善于利用经济激励型环境政策，运用财政补贴、财税优惠、技术项目资金支持、金融支持等经济激励型环境政策来引导鼓励生产主体共同参与污染防治，并结合强制型环境政策，构建“奖惩分明，鼓励为主”的法律政策体系。在我国当前“支农扶农”的政策背景下，建议采取绿色补贴来防控散养污染。工厂化畜禽企业排污量大，排污点集中，容易监测，可以采取收超标排污税（费）、设立环境债券等方式。对于内有饲养专业户的养殖小区，开展畜禽养殖排污权交易是一种比较可行的方法。

（四）充分发挥强制型环境政策的作用，完善执法与监督机制

政府环境责任是政府义不容辞的责任，指的是政府在环境法律范围内对环境承担的第一性保护责任以及因违反环境职责而承担的第二性法律责任。政府的责任缺失会导致污染防治最终执法效果无法达到国家和公众的期望。因此，要强化政府在养殖污染防治中的公共管理和社会服务职能，如调整养殖布局规划、宣传推广技术、扶持相关产业等，根据具体情况进行具体分析，对畜禽废弃物的处理要坚持减量化、再利用、资源化的原则，并积极探索废弃物综合利用与循环化的途径与方式，最终通过政府的有效管理、畜禽养殖企业的积极治理与农村居民的广泛参与，实现农村畜禽养殖污染防治的多元化效益。同时，政府还应该在养殖市场准入、污染排放监管等强制型环境政策的运用上加大执法力度且监管到位，充分发挥政府在污染防治中的主动权，从源头堵截污染排放。

（五）充分发挥畜禽养殖企业污染防治的主体作用

首先，我国法律政策对畜禽养殖户和散养农户的规定较少，但是实际上这两大畜禽养殖生产者是目前我国畜禽养殖业的主要经营者。由于散养农户有足够的耕地消纳畜禽粪便，因而对环境污染较小。但是对于具有一定规模的养殖户来讲，饲养的畜禽数量较多，又没有足够的技术、资金以及足够多的土地消纳畜禽养殖废弃物，因此畜禽养殖户的污染应该得到政府的足够关注。

畜禽养殖者应该承担环境责任，既包含法律责任，也包含道德责任，应该在场、区新建、扩建过程中将污染治理纳入投资运营规划，在生产过程中积极倡导规模适度、种养结合、循环利用的可持续生产方式，在污染治理和排放中严格遵守相关国家标准和技术规范，大力发展畜禽养殖业循环经济。

政府必须通过制定相关的法律对畜禽养殖行为进行调整，对畜禽污染防治展开全面监督与管理，同时也要通过社会舆论的监督、畜禽养殖企业的自律等道德规范进行必要的约束。

（六）加强对相关技术集成模式研发推广政策的支持力度

政府要加大对废弃物资源化利用技术的研发支持力度；完善畜禽规模养殖土地消纳配比、沼渣沼液还田等相关技术标准；各级政府应加强探索适应当地资源禀赋特点、经济可行的技术集成模式，并出台具体操作规程，系统组织推广实施。

四、加强畜禽养殖业环境管理的对策

（一）合理规划畜禽养殖场

建设畜禽养殖场要科学规划，合理选址，既要保证畜禽养殖场不受环境的污染，又要防止养殖场本身对周围环境的污染。按照生态农业发展的需要，畜禽养殖场应与农田、鱼塘等一起规划，形成生态链，实行农牧结合的生态经营模式，使畜禽废弃物就近处理。

（二）采用畜禽养殖清洁生产技术

养殖户在选饲料的时候，应该采用科学合理的饲料配方。通过对生物制剂、饲料颗粒等进行技术处理，提高畜禽饲料的利用率，尤其是氮的利用率，尽量做到抑制、分解、转化畜禽粪便中的有毒有害成分。其次，在进行养殖建筑物工程设计时，应该考虑养殖屋舍结构的科学合理性，选择科学的养殖工艺，以实现固液分离、粪尿分离以及雨污分离，降低污水产生量以及污水中 COD、BOD 等的浓度。

（三）养殖户需要实施区域性环境管理

对于畜禽养殖专业户，无论是养殖散户还是规模化养殖户都应该实施环境管理，这就要求当地人民政府组织制定环境保护规划、计划，与养殖户签订环境保护和综合利用责任制；根据当地的土地消纳畜禽养殖废弃物的能力和综合利用能力来确定畜禽养殖规模，控制养殖数量。当地环境保护行政主管部门要定期对养殖户进行检查考核。

（四）需要加大畜禽养殖污染防治的宣传、培训、教育力度

为了把清洁生产、畜禽废弃物资源化利用的思想贯穿到畜禽养殖产业化过程中去，加大其宣传、培训、教育的力度十分必要。要让养殖户、全社会都认识到控制畜禽养殖污染的重要性，为实施畜禽养殖清洁生产、废弃物资源化利用营造良好的社会氛围。同时，还要对养殖户进行定期培训，提高广大养殖户生产经营的科技水平、管理水平，使其能够掌握畜禽养殖的清洁生产和废弃物综合利用的技术，真正能够按照要求进行生产。

（五）加强对畜禽养殖场污染的管理

为了加快畜禽养殖场污染治理，实现畜禽养殖清洁生产，促进畜禽养殖业的可持续健康发展，各级政府和养殖户应按照《畜禽养殖业污染物排放标准》等要求，进一步加强畜禽养殖污染防治工作，严格实行建厂的有关制度，促进环境治理工作上一个新台阶。

第三章　农业废弃物——农作物秸秆污染防治与资源化利用

第一节　农作物秸秆污染现状及问题分析

我国是农业大国，幅员辽阔，农业为第一大产业，历来都是农作物秸秆生产大国。在工业化之前，农民对秸秆的利用五花八门，如利用秸秆作为燃料生火做饭，利用秸秆编织坐垫和扫帚等生活用品，利用秸秆建房挡风遮雨，利用秸秆喂养牲畜，利用秸秆堆肥还田等，由于产量有限，秸秆很少被直接浪费掉，合理利用秸秆是我国传统农业的精华之一。但是，随着科技的进步和农业的快速发展，我国秸秆总产量和大多数农作物秸秆产量总体呈上升趋势，每年可生成 7 亿 t 秸秆。由于各种因素，这些秸秆成为用处不大的"废弃物"而等待处理，一般都是由农民任意处理。往往在夏收和秋冬之间，总有大量的小麦、玉米秸秆在田间地头被焚烧，产生大量浓烟，带来严重的环境问题。近年来，农作物秸秆已经成为农村面源污染的新源头。农作物秸秆的污染问题不仅成为农村环境保护的瓶颈问题，也成为城市环境污染的罪魁祸首，因此农作物秸秆污染防治迫在眉睫。

一、农作物秸秆的构成

（一）农作物秸秆的含义

农作物秸秆又称禾秆草，是指水稻、小麦、玉米等禾本科农作物成熟脱粒后剩余的茎叶部分，其中水稻的秸秆常被称为稻草、稻穗，小麦的秸秆则称为麦秆。

（二）农作物秸秆含有的主要化学成分

农作物秸秆富含氮、磷、钾、镁、钙等有机物和微量元素，其中有机物含量平均为 15% 左右，平均氮含量为 0.62%、磷含量为 0.25%，这些有机物和微量元素都是农作物生长必需的主要营养元素，因此秸秆是一种丰富的肥料资源。

秸秆还含有蛋白质、碳水化合物、脂肪、有机酸、木质素等，这些都可以被微生物分解进行利用，经过处理后，还能制成牛羊饲料。

（三）秸秆的营养成分分析

秸秆的营养成分如下。

（1）秸秆的粗纤维含量高，还有大量木质素，难以被畜禽消化吸收。秸秆由纤维素、半纤维素、木质素组成；酸性洗涤纤维由纤维素和木质素组成。纤维素、半纤维素可在牛羊的瘤胃中被纤维分解菌酸解，生成挥发性脂肪酸，如乙酸、丙酸、丁酸等，被牛羊吸收作为能源利用。瘤胃中细菌不能分解木质素。秸秆中纤维素、半纤维素和木质素紧密地结合在一起，使秸秆的可消化率受到影响。秸秆越成熟，木质化程度越高，秸秆的可消化性越差，而且动物适口性不好。对于这种有机物，牛、羊的消化率基本上都在 50% 以下。各种秸秆的营养成分见表 3-1。

表 3-1　各种秸秆的营养成分(全干基础)

秸秆名称	每千克干物质消化能 /MJ		每千克干物质可消化蛋白质的量 /g	其他成分含量比例 / %				
	牛	猪		粗纤维	木质素	灰分	钙	磷
稻草	8.318	5.058	2.0	35.1	—	17.0	0.21	0.08
小麦秆	8.987	—	5.0	43.6	12.8	7.2	0.16	0.08
大麦秆	8.109	2.332	5.0	41.6	9.3	6.9	0.35	0.10
燕麦秆	9.698	—	4.0	49.0	14.6	7.6	0.27	0.10
玉米秆	10.617	2.161	23.0	34.0	—	6.9	0.6	0.1
粟谷秆	8.318	—	6.0	41.7	—	6.1	0.09	—
大豆秆	7.774	3.912	14.0	44.3	—	6.4	1.59	0.06
豌豆秆	10.408	2.776	47.0	39.5	—	6.5	—	—
蚕豆秆	8.151	2.303	55.0	41.5	—	8.7	—	—

(2)秸秆蛋白质含量很低。由于植物成熟以后，营养成分会转移至果实和籽粒当中，因而茎秆的营养成分就大大降低了，蛋白质等含量随之降低。总体而言，各种秸秆的可消化蛋白质都很低，导致秸秆的可消化率低，如小麦秆的可消化率为 45%~50%、玉米秆的可消化率为 47%~51%。

(3)秸秆粗灰分含量很高，其中包含大量的矽酸盐，矿物质和维生素含量都很低，特别是钙、磷含量很低，含磷量为 0.02%~0.16%，远远低于动物的需求量。秸秆对动物有营养价值的矿物元素含量极少，秸秆中的矿物元素和维生素含量见表 3-2。

表 3-2　农作物秸秆中的矿物元素和维生素含量

成分	稻草	小麦秆	大麦秆	玉米芯	苜蓿草	需要量
钙 /%	0.08	0.18	0.15	0.38	1.25	0.40
磷 /%	0.06	0.05	0.02	0.31	0.31	0.23
钠 /%	0.02	0.14	0.11	0.03	0.04	0.08
氯 /%	—	0.32	0.67	—	0.34	—
镁 /%	0.40	0.12	0.34	0.31	0.28	0.10
钾 /%	—	1.42	0.31	1.54	3.41	0.65
硫 /%	—	0.19	0.17	0.11	0.31	0.10
铁 /(mg/kg)	300	200	300	210	227	50
铜 /(mg/kg)	4.1	3.1	3.9	6.6	9.0	8
锌 /(mg/kg)	47	54	60	—	27	30

续表

成分	稻草	小麦秆	大麦秆	玉米芯	苜蓿草	需要量
锰 /(mg/kg)	476	36	27	5.6	34	40
钴 /(mg/kg)	0.65	0.08	0.26	—	0.09	0.10
碘 /(mg/kg)	—	—	—	—	—	0.50
硒 /(mg/kg)	—	—	—	0.08	—	0.10
胡萝卜素 /(mg/kg)	—	2.0	2.0	1.0	202	5.5

秸秆各部位营养成分组成有差别，不同农作物的秸秆因生长地区不同，其化学成分和营养成分的组成也有所差别，可以根据各自的特性和组成不同进行利用。几种秸秆的化学组成见表 3-3。

表 3-3　几种秸秆的化学组成(干重)

秸秆种类	粗纤维 /%	灰分 /%	果胶质 /%	木质素 /%	纤维素 /%	半纤维素 /%
稻草	35.6	13.39	—	12.50	32.00	24.00
麦秆	36.7	6.04	0.30	18.00	30.50	23.50
玉米秆	29.3	4.66	0.45	22.00	34.00	37.50
大豆秆	38.7	—	—	—	33.00	18.50

二、农作物秸秆的污染现状

农作物秸秆污染环境主要是源于农作物秸秆焚烧。我国农作秸秆年产量大约为 7 亿 t，几乎占世界秸秆年总量的三分之一，其中 20% 的秸秆没有得到有效利用。在经济发达地区的农村和大城市郊区，由于燃料结构改变和化肥的广泛使用，秸秆剩余量甚至高达 70%~80%，这些秸秆最后大多被焚烧。在我国，秸秆焚烧是违法行为，违反了《大气污染防治法》的规定。在 1999 年、2003 年、2005 年原国家环保总局、农业部、财政部、铁道部、交通部、中国民航总局联合下发了《秸秆禁烧和综合利用管理办法》《关于加强秸秆禁烧和综合利用工作的通知》《关于进一步做好秸秆禁烧和综合利用工作的通知》，规定在夏秋两个季节，各级环保部门等积极开展秸秆禁烧现场执法检查工作。同时，从 2004 年开始，环保部还利用卫星遥感等现代科技手段，对全国夏秋两季秸秆焚烧情况实施了在线监控，将每日两次收到的有关焚烧火点数、焚烧时间、焚烧所在地名、经纬度、火区影响范围等信息以及卫星遥感火情监测图像编辑成《秸秆焚烧卫星遥感监测情况通报 》，并将其及时电传有关政府和环保局，并在“12369 中国环保热线”网站上公布。我国相关部门对秸秆焚烧管理力度较大，但是实际上成效不明显。

2011 年 11 月 29 日，国家发展改革委、农业部、财政部为加快推进农作物秸秆的综合利用，联合出台了《“十二五”农作物秸秆综合利用实施方案》。根据该实施方案调查统计与预测，2010 年全国秸秆理论资源量为 8.4 亿 t，秸秆综合利用率达到 70.6%，利用量约 5 亿 t；到

2013 年秸秆综合利用率达到 75%，到 2015 年力争秸秆综合利用率超过 80%。根据上述统计，我国每年秸秆焚烧或废弃的数量理论上约是 2.4 亿 t，但是实际的焚烧量应该比这个数据还要多。到目前为止，秸秆焚烧的现象仍然比较严重，焚烧问题仍然没有解决。2013 年 10 月到 11 月严重的雾霾现象与秸秆焚烧并非没有关系，在秸秆禁烧期雾霾现象有更加严重的趋势。由于每年的上半年秸秆焚烧最严重的时间段是 5 月中下旬到 6 月中下旬，因此下面通过环境保护部《秸秆焚烧遥感监测日报》和中国气象局国家卫星气象中心《气象卫星监测作物秸秆焚烧专报》来重点分析重灾省份秸秆焚烧点的数量情况。

2013 年 5 月 22 日，全国秸秆焚烧分布遥感监测结果显示：安徽、黑龙江、湖北、江苏、辽宁、内蒙古、山东、浙江等省、自治区、市的秸秆焚烧火点有 65 个（不包括云覆盖下的火点信息）。其中，浙江有火点 4 个，涉及 2 个地市、4 个县（市）；山东有火点 7 个；内蒙古自治区有火点 2 个；辽宁有火点 2 个；江苏有火点 31 个；湖北有火点 3 个；黑龙江有火点 5 个；安徽有火点 11 个。

2013 年 6 月 19 日，全国秸秆焚烧分布遥感监测结果显示：河北、河南、湖北、江苏、山东、天津等省、市的秸秆焚烧火点有 37 个（不包括云覆盖下的火点信息）。其中，天津有火点 1 个；山东有火点 16 个，涉及 6 个地市、6 个县（市）；江苏有火点 9 个；湖北有火点 4 个，涉及 3 个地市、3 个县（市）；河南有火点 2 个，涉及 2 个地市、2 个县（市）；河北有火点 5 个，涉及 3 个地市、5 个县（市）。

从上述数据可以看出，我国环保部所统计的秸秆焚烧点卫星数据并不包括云覆盖下的火点信息，并且卫星监测只在每天固定的时间点进行遥感，而实际上当天秸秆焚烧点的数量比数据上反映出来的要多几倍甚至是十几倍。因此，环保部在每年的 5 月 20 日—6 月 20 日与 9 月 20 日—11 月 20 日，每天都会进行秸秆焚烧遥感监测日报，以此来统计秸秆焚烧点的分布，为环境监察工作提供有效的技术手段。

2014 年秋季（9 月 20 日—11 月 20 日），全国共监测到秸秆焚烧火点 2 804 个，虽然比 2013 年同期下降了 15.47%，但秸秆焚烧仍然给大气污染防治工作带来了很大压力，对部分地区大气环境质量构成严重影响。尤其是黑龙江、吉林、辽宁等 3 省，火点数较 2013 年同期大幅增加。

2015 年 5 月 20 日—7 月 31 日，环境卫星和气象卫星共监测到秸秆焚烧火点 1 158 个（剔除卫星误判火点，不含云覆盖下火点），较 2014 年同比减少 961 个，减幅为 45.35%。

从全国秸秆焚烧火点分布情况看，火点数排前 10 位的省份依次为河南、河北、山东、黑龙江、安徽、四川、山西、陕西、内蒙古自治区、湖北，火点数分别为 512、196、185、33、32、29、28、23、21、14 个（见表 3-4）。其中，河北、黑龙江、内蒙古、山西等 4 省、自治区火点数较 2014 年同比有所增加，特别是黑龙江省增幅明显；其余 6 省份较 2014 年同比均有所减少，尤其是安徽、湖北、河南等 3 省份火点数大幅减少，减幅分别达 95.03%、82.28%、37.18%。从全国秸秆焚烧火点强度看，平均每千公顷耕地面积火点数排前 5 位的省份依次为河南、河北、山东、海南、北京，平均每千公顷耕地面积上的火点数分别为 0.050、0.031、0.025、0.019 和 0.017 个。

表 3-4　2013—2015 年卫星遥感监测秸秆焚烧火点数量

地区	2013 年 9 月 20 日—11 月 20 日	2014 年 9 月 20 日—11 月 20 日	2014 年 5 月 20 日—7 月 31 日	2015 年 5 月 20 日—7 月 31 日	合计
河南	506	329	815	512	2 162
河北	275	35	106	196	612
山东	334	96	230	185	845
黑龙江	288	781	1	33	1 103
安徽	570	78	644	32	1 324
四川	0	0	34	29	63
山西	389	122	25	28	564
陕西	60	4	31	25	120
内蒙古	164	189	16	21	390
湖北	296	54	79	14	443
辽宁	24	444	5	13	486
浙江	1	2	7	11	21
重庆	0	0	5	9	14
甘肃	25	18	7	9	59
湖南	8	5	2	8	23
广东	9	1	3	7	20
吉林	100	546	1	5	652
江苏	27	4	53	5	89
江西	32	15	6	4	57
贵州	0	0	6	2	8
新疆	101	33	9	2	145
宁夏	70	31	9	2	112
北京	0	3	0	2	5
湖南	8	5	3	2	18
青海	7	1	0	2	10
上海	0	0	0	1	1
云南	1	0	5	1	7
天津	11	3	2	0	16
福建	3	2	1	0	6
广西	16	7	11	0	34
西藏	0	0	0	0	0

备注：
1. 本统计表中各地耕地面积数据来源于《中国统计年鉴—2014》；
2.2014 年、2015 年夏季秸秆焚烧火点统计时间为当年 5 月 20 日—7 月 31 日。

2015 年 11 月 9 日—15 日，据环境卫星遥感监测数据统计，在全国范围内共监测到疑似秸秆焚烧火点 134 个，比 2014 年同期增加 2 个，增幅为 1.5%（具体火点分布情况见表 3-5）。火点集中分布在黑龙江、辽宁、内蒙古、吉林、甘肃等 5 省、自治区，其余省、自治区、市均未监测到火点。这 5 省、自治区火点数分别为黑龙江 125 个、辽宁 4 个、内蒙古自治区 2 个、吉林 2 个、甘肃 1 个。其中，黑龙江秸秆焚烧现象最为突出，火点数比 2014 年同期增加 71.23%，给大气环境质量带来显著影响。

表 3-5　2015 年 11 月 9 日—15 日卫星遥感监测秸秆焚烧火点情况

排序	地区	火点数 / 个	火点强度 /（个 / 千公顷耕地面积）	2014 年同期火点数 / 个	与 2014 年同期相比增加火点数
1	黑龙江	125	0.010 7	73	52
2	辽宁	4	0.001 2	28	−24
3	内蒙古	2	0.000 4	8	−6
4	吉林	2	0.000 4	17	−15
5	甘肃	1	0.000 4	0	1
6	北京	0	0.000 0	1	−1
7	天津	0	0.000 0	1	−1
8	河北	0	0.000 0	0	0
9	山西	0	0.000 0	0	0
10	上海	0	0.000 0	0	0
11	江苏	0	0.000 0	0	0
12	浙江	0	0.000 0	0	0
13	安徽	0	0.000 0	2	−2
14	福建	0	0.000 0	0	0
15	江西	0	0.000 0	0	0
16	山东	0	0.000 0	1	−1
17	河南	0	0.000 0	0	0
18	湖北	0	0.000 0	0	0
19	湖南	0	0.000 0	0	0
20	广东	0	0.000 0	0	0
21	广西	0	0.000 0	0	0
22	海南	0	0.000 0	0	0
23	重庆	0	0.000 0	0	0
24	四川	0	0.000 0	0	0
25	贵州	0	0.000 0	0	0
26	云南	0	0.000 0	0	0
27	西藏	0	0.000 0	0	0
28	陕西	0	0.000 0	1	−1
29	青海	0	0.000 0	0	0

续表

排序	地区	火点数 / 个	火点强度 /(个 / 千公顷耕地面积)	2014 年同期火点数 / 个	与 2014 年同期相比增加火点数
30	宁夏	0	0.000 0	0	0
31	新疆	0	0.000 0	0	0
合计 / 平均		134	0.001 2	132	2

备注:本统计表中各省耕地面积数据来源于《中国统计年鉴—2014》

三、秸秆焚烧的危害

(一)造成环境影响

秸秆焚烧是农民将秸秆就地在露天空地随意焚烧,虽然处理简单,但是秸秆焚烧产生遮天浓烟,造成了大气污染。焚烧秸秆直接导致空气中总悬浮颗粒数量增加,焚烧产生的滚滚浓烟中含有大量的 CO、CO_2、SO_2 等有毒有害气体,对人的眼睛、鼻子和咽喉中的黏膜产生极大的刺激。离浓烟越近,人受到的危害越大,轻则咳嗽不止、胸闷、眼睛流泪,严重者还会患上支气管炎和气管炎。同时,氮氧化物和碳氢化合物在阳光作用下还能产生臭氧,产生二次污染物。浓烟释放的二氧化硫等也是造成酸雨的主要因素。根据我国环保部 2013 年 1 月 29 日发布的消息, 2013 年 1 月 27 日以来,全国有 130 万 km^2 的面积受到灰霾天的影响,这也是我国首次确切公布灰霾天的影响范围。同样根据环保部消息,从 2011 年起我国开始运用两颗环境卫星对秸秆焚烧的情况进行监测,监测显示在一些极端污染事件中,秸秆焚烧对 PM2.5 的影响有可能超过 45%。根据环保部专家测算,每年大概有 1.2 亿 t 秸秆被无序燃烧,由此产生的 PM2.5 总量高达 200 万 t,二氧化碳更是多达 1 亿 t。秸秆焚烧时还有一些致癌致畸性较高的多环芳烃类物质伴随产生,严重影响我国的空气质量。

(二)引发火灾隐患

农民在进行秸秆焚烧的时候,所使用的均为明火,秸秆在燃烧的过程中火势渐强,甚至有的火势已经达到人们难以控制的程度,只能等待秸秆自行焚烧完毕之后,火势才能逐渐减弱并熄灭。这种情况非常容易引起火灾,特别是在遭遇大风天气的时候,火势根本无法由点燃者控制,大火一旦与周围易燃物接触,可能会造成大量农田和地头路边的树木被毁,甚至会导致附近的高压输电线路等重要基础设施的破坏,产生的后果不堪设想,会给人们的财产和生命造成极大的威胁,严重者还会造成人身伤亡。尤其是秸秆燃烧一般发生在村庄周围,发生火灾的后果将会更加严重。

(三)对交通安全造成威胁

秸秆焚烧过程中不可避免地会产生浓烟,浓烟在空气中蔓延所产生的直接后果便是使能见度降低,对过往行人或者车辆造成严重影响。我国大多数国道公路都穿越农田,秋季的秸秆焚烧产生的浓烟会给机动车安全行驶带来非常大的威胁。一些机场因为选择在郊区或者农场等地建设,因此在秸秆焚烧的时节,浓烟常常影响航班的正常起飞和降落。对于大多数民航客机,起飞的能见度要求大于 500 m,否则绝不可能起降航班,所以秸秆焚烧对于交通安全有严重的威胁。

(四)对土壤结构造成损害

秸秆焚烧会使地面温度升高,能间接烧死土壤中的有益微生物。绝大多数有益微生物在 15~40 ℃范围内活性最强,对促进土壤有机质的矿质化、加速养分释放、改善植物养分供应起着重要的作用。但是焚烧后的土壤温度可达到 65~90 ℃,土壤的有益微生物会被烧死,使土壤的自然肥力下降,使土壤对于水分的保持度下降,使土壤的水分流失达到 65% 以上。这样,在进行播种的时候,就难以让植物得到有效灌溉,从而影响农作物对土壤中水分的吸收,而且由于秸秆的有机物质和氮素养分在焚烧过程中会彻底损失,只剩下部分钾元素和较多不溶性的磷元素,这些元素很难被农作物吸收,会使土壤盐碱度增高,导致种子发芽率随之降低,进而使农作物的产量下降、质量降低,对农民的收入造成影响。

(五)破坏农田生态系统

秸秆焚烧带来的高温会使土壤里的害虫加速繁殖,土壤中的碱性增高会导致农药失效,造成害虫增多,对农作物幼苗的生长造成危害,还会导致鸟类等的迁移,而使虫害、鼠患加剧,从而造成农田生态系统的严重恶化。如表 3-6 所示,试验表明,秸秆焚烧可消灭部分杂草,但与喷施除草剂结合除草效果更好;麦秸焚烧后蚜虫、玉米螟等病虫害的发生率低于秸秆还田处理,毛毛虫、黑粉病等病虫害的发生率却高于秸秆还田处理方式。

表 3-6　秸秆焚烧与直接还田对病虫草害影响的试验测定结果对比

处理措施	病虫害 /(只 /100 株)				杂草 /(个 /m²)	
	毛毛虫	玉米螟	黑粉病	蚜虫	1998 年(没喷除草剂)	1999 年(喷除草剂)
秸秆焚烧	22.0	6.0	2.7	0.3	54.3	0.8
秸秆还田	13.0	9.0	2.0	1.7	75.3	3.7

(六)浪费资源

秸秆中含有大量的纤维素、木质素,还含有蛋白质、磷、钾等营养成分和矿物质,每年 6 亿 t 以上的秸秆相当于 300 多万 t 氮肥、700 多万 t 钾肥,大约是全国每年化肥使用量的 25%。秸秆焚烧会使秸秆中的氮、磷全部损失,造成资源的严重浪费。

总之,秸秆焚烧的弊大于利,严重影响了我国农业绿色可持续发展和经济建设,破坏了生态环境,损害了人民的身体健康。

四、秸秆焚烧污染的原因

(一)替代品的出现

在我国经济发展水平较低、燃料不足的时候,秸秆一直以来都是农村家庭生活取暖做饭的燃料、牛羊牲畜的饲料以及农作物肥料。但是随着我国经济的高速发展,农业机械化程度和农村生活水平有了极大的提高,粗笨的灶台已逐渐被煤气灶、天然气灶、电饭煲取代,秸秆作为燃料的观念渐渐被遗忘。工业化生产的饲料、化肥通过便捷的市场渠道送货上门,使秸秆在实用效果上与这些现代化批量生产的替代品相比难以占优势,而且农民认为收集、翻晒秸秆很麻烦，费时费力还占地方，因此不乐意将秸秆再利用，因此逐渐地秸秆被农民一烧了之。

（二）外出务工人员增多，农村劳动力严重缺失

农村劳动力尤其是青壮年劳动力常年在外打工以增加家庭收入。据统计，我国农村外出务工人员已达 1.2 亿，每年外出劳动就业的时间平均为 8 个月。在很多农村地区，出现了“空巢”现象，致使农业生产缺乏青壮年劳动力。而秸秆收集、打捆处理、运输存储、综合利用需要较大的劳动力投入，尤其是农忙时节，劳动力十分紧张。留守的劳动力在勉强完成农业生产基本任务后，无力完成秸秆的综合回收利用，因此，为了不影响下一阶段的种植工作，只好选择焚烧。

（三）技术落后

由于缺少成熟、高效、快速、适用的秸秆还田技术，秸秆很难一次性直接还田。秸秆还田因翻压量过大、土壤水分不适、施氮肥不够、翻压质量不好等技术原因，出现了妨碍耕作、影响出苗、烧苗、病虫害等现象。因此，农民为了减少秸秆带来的大量虫害以及为了节省空地，直接对秸秆进行就地焚烧。

（四）部分地方政府以堵为主

目前，很多地方政府对秸秆焚烧仍然以堵为主，治标不治本。为了禁止焚烧秸秆，每到夏收、秋收时节，许多地方政府展开区域联防，以行政手段严防死守，制定严格的奖惩制度，将焚烧秸秆工作的好坏与工作人员的补助直接挂钩，与各级领导政绩挂钩，加大责任追究制度，“见火必罚”“焚烧秸秆立即拘留”。然而我国农业以小农经济为主，农户耕种规模较小，秸秆量大而分散，基层工作人员不足，抽调人员积极性不高，涉及的农民数量多且情况复杂，种种现状决定了秸秆焚烧的防不胜防，行政强制手段难以长期奏效。

（五）政府的秸秆处理方案没有吸引力

20 世纪 90 年代我国出台法规禁烧秸秆。当时雾霾天气并不严重（图 3-1），也并非因为要治理雾霾才禁烧秸秆，只是秸秆作为一种重要的农业资源有很大的利用价值。

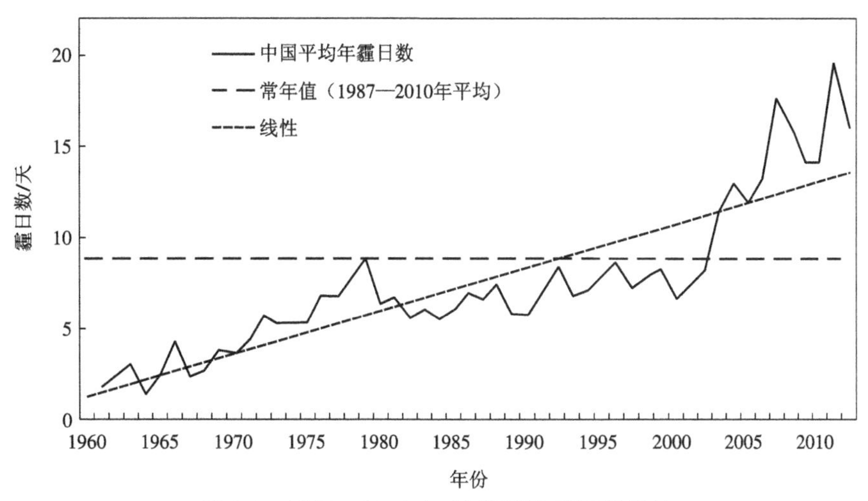

图 3-1　1960—2010 年中国平均年霾日数统计

自 1999 年以来，农业部开始重点推广秸秆机械化还田技术、秸秆快速腐熟技术、秸秆养畜过腹还田技术和秸秆气化集中供气技术等，为秸秆综合利用寻找出路。目前，中国处理秸秆的方式有“五化”，即肥料化、饲料化、基料化、原料化和燃料化。尽管如此，每年还是有相当一部分秸秆没有被有效利用。原因在于，对农民来讲，其他的秸秆处理方法都不划算。

如秸秆还田的推广就受限制比较多。秸秆还田需要多加两道程序：一是把秸秆粉碎；二是要把土地深耕，将秸秆埋在地下。而目前农民普遍采用的是浅耕，因为深耕的费用要高一些。如果秸秆粉碎一遍按 30 元 / 亩（约 667 平方米）、粉碎两遍按 50 元 / 亩（约 667 平方米）计算的话，每亩耕种成本就多出来 50 元；如果再深翻一次，按 40~50 元 / 亩（约 667 平方米）计算的话，这两道程序下来成本也就是 100 元 / 亩（约 667 平方米）。但对于秸秆还田，政府给予的补贴只是每亩（约 667 平方米）10~20 元。农民购买秸秆粉碎机也需要一笔支出，虽然国家给每台机械 30% 的补贴，但秸秆粉碎机一年才用一两次，对农民来说性价比太低。由于秸秆的降解时间很长，不能作为当季作物的肥源，一年也只能还田一次，还田效果还受到很多具体因素的影响。受病虫危害的秸秆也不能直接还田，再加上秸秆分解过程中还存在微生物与农作物争氮的问题，处理不好会影响苗期生长，因此在一些地区秸秆还田还不如烧掉省事。饲料化和工业用途要取决于当地的市场，也有一个成本问题。

秸秆收割的成本不低，特别是一些地方的收割机械设备不同时收割秸秆，需要动用人力收割，而农忙季节的劳动力也不便宜。此外，秸秆的经济价值不高，一旦收购方完全负担人工成本，就很难与其他原材料竞争。

第二节　农作物秸秆污染防治技术与资源化利用途径分析

一、我国农作物秸秆资源总量及区域分布

（一）我国农作物秸秆资源总量

农作物秸秆的产量一般根据农作物产量和各种农作物的草谷比进行计算，可大致估算出各种农作物秸秆的产量。草谷比是评价农作物产出效率的重要指标，是农作物秸秆的发生量与农作物产量的比值。农作物产量是播种面积乘以单位面积产量，秸秆的资源量则是农作物产量与草谷比的乘积。常见农作物秸秆的草谷比见表 3-7。

表 3-7　常见农作物秸秆的草谷比

序号	小麦	玉米	稻谷	油菜	棉花	数据来源
1	1.1	1.2	0.9	1.5	3.4	《农业技术经济手册修订本》（1984）
2	1.77	1.269	1.323	2.985	1.613	《中国作物的收获指数》（1990）
3	1.366	2.0	0.623	2.0	3.0	《中国生物质资源可获得性评价》（1998）
4	1.28	0.95	1.24	2.11	3.13	《稻秆合理利用途径研究报告》（1999）
5	0.73	0.90	0.78	1.29	3.53	《稻秆直接燃烧供热发电项目源可供应调研和相关问题的研究》（2005）
6	0.73	1.25	0.68	1.01	5.51	《国家能源办项目：农作物秸秆资源能源化利用调查与评价研究》（2007）

根据前人的研究数据，以《中国农村统计大全》和《中国农业统计资料》中的相关统计为基础数据，总结出 1990 年后我国各类农作物秸秆产量。从表 3-8 可以看出，我国秸秆总产量和大多数农作物秸秆产量总体上呈现上升趋势。其中粮食农作物秸秆是我国农作物秸秆的主要部分，占农作物秸秆总产量的 70% 以上。2008 年，我国农作物秸秆已达到 84 219.41 万 t，突破 8 亿 t 大关。

表 3-8　1990 年后我国农作物秸秆产量　单位：万 t

年份	农作物秸秆总量	粮食作物秸秆量	油料作物秸秆量	糖料作物秸秆量	棉花作物秸秆量	蔬果秸秆量
1990	62 690.95	52 049.13	3 718.00	2 162.43	2 254.00	1 814.21
1995	67 524.19	54 048.63	5 108.08	2 419.97	2 383.76	2 904.85
2000	70 748.46	53 601.51	6 609.92	2 434.54	2 208.67	5 125.70
2005	76 602.43	56 255.63	6 956.56	3 056.03	2 857.00	6 373.61
2008	84 219.41	61 727.31	6 628.70	4 361.79	3 745.94	6 712.16
2010	81 350.41	59 215.37	6 824.57	3 896.96	2 980.57	7 363.56

我国是世界上最大的秸秆产量国。根据毕于运[①]的研究，2000 年我国秸秆总产量为 70 748.46 万 t，是世界上第一秸秆产量国，高于美国等发达国家（表 3-9）。我国耕地资源稀缺，但由于对耕地资源的集约利用水平较高，从而使我国的秸秆产量在全球占有较高的比例。从表 3-9 还可以看到，我国秸秆单产水平较高，落后于越南、孟加拉、巴西、印度尼西亚和法国的平均耕地秸秆，但产量位于世界第六。但是从人均秸秆产量来看，我国在 15 个秸秆资源大国中，低于全球人均秸秆单产量 23.03%。阿根廷人均秸秆产量是我国的 6.2 倍，美国人均秸秆产量是我国的 4.4 倍。

表 3-9　2000 年全球前 15 个秸秆资源大国的秸秆产量

排名	国家或地区	秸秆总产量 / 万 t	秸秆耕地单产量 /（kg/hm²）	人均秸秆产量 /kg	占世界比例 /%
	全球	438 862.37	3 210	725	100
1	中国	70 748.46	5 517	558	16.12
2	美国	69 925.19	3 945	2 477	15.93
3	印度	45 981.10	2 835	453	10.48
4	巴西	32 066.36	6 015	1 885	7.31
5	阿根廷	12 760.42	5 100	3 446	2.91
6	印度尼西亚	11 728.48	5 715	569	2.67
7	法国	10 418.24	5 640	1 769	2.37
8	俄罗斯	10 313.49	825	708	2.35
9	泰国	7 807.61	5 310	1 285	1.78
10	巴基斯坦	7 398.10	3 480	536	1.69

① 毕于运. 秸秆资源评价与利用研究 [D]. 北京：农业资源与农业区划研究所中国农业科学院研究生院，2010.

续表

排名	国家或地区	秸秆总产量 / 万 t	秸秆耕地单产量 /(kg/hm²)	人均秸秆产量 /kg	占世界比例 /%
11	孟加拉	6 814.18	8 370	520	1.55
12	越南	6 631.66	11 535	845	1.51
13	德国	6 009.38	5 100	731	1.37
14	加拿大	5 337.91	1 170	1 735	1.22
15	乌克兰	5 189.64	1 590	1 048	1.18

(二)我国秸秆资源的区域分布

1. 秸秆资源按照省份区域分布

如果按照省、市、自治区划分,从表 3-10 可以看出,2010 年我国有 11 个省份秸秆总量超过 3 400 万 t,其秸秆产量合计为 54 700.63 万 t,占全国秸秆总产量的 67.24%。这 11 个秸秆产量大省按照产量排序为河南、山东、黑龙江、河北、四川、安徽、江苏、广西、湖北、湖南、吉林。其中,河南省在 2010 年秸秆产量为 8 629.125 万 t,山东省在 2010 年秸秆产量为 7 049.518 万 t,分别位于全国秸秆总产量的第一、第二位,两个秸秆特大省在 2010 年秸秆产量合计 15 678.643 万 t,占全国的 19.27%。

表 3-10　2010 年全国省、市、自治区的秸秆产量　　单位:万 t

排名	地区	秸秆产量	排名	地区	秸秆产量
1	河南	8 629.125	17	广东	2 096.573
2	山东	7 049.518	18	陕西	1 821.419
3	黑龙江	5 761.848	19	贵州	1 508.539
4	河北	4 801.063	20	山西	1 463.363
5	四川	4 444.195	21	重庆	1 436.483
6	安徽	4 436.257	22	甘肃	1 421.918
7	江苏	4 423.301	23	浙江	1 111.612
8	广西	4 127.855	24	福建	864.540
9	湖北	3 806.531	25	宁夏	513.637
10	湖南	3 805.494	26	海南	366.611
11	吉林	3 415.444	27	天津	270.301
12	新疆	3 115.001	28	上海	254.561
13	内蒙古	3 004.141	29	青海	224.397
14	云南	2 657.556	30	北京	170.834
15	辽宁	2 358.316	31	西藏	71.979
16	江西	2 332.929	合计	全国	81 350.410

2. 秸秆资源的区域分布情况

以《中国种植业区划》(中国农科院《中国种植业区划》编写组，1984)和《中国耕作制度区划》(刘巽浩，韩湘玲，1987)为主要参考依据，根据我国主要农作物的地域分布规律，把我国秸秆资源分布按其分区开发利用研究划分为八大区，并按照保持省界完整性的原则确定其区域范围。在这八个区域中，以长江中下游区和黄淮海区秸秆总产量最高，它们在2008年的秸秆产量占全国总产量的25%左右；其次是东北区和西南区，所产秸秆合计约占全国总产量的25%；再次是华南区和西北干旱区，所产秸秆合计占全国总产量的17.18%，黄土高原区所产秸秆占全国总产量的5.30%，秸秆较少，而青藏高原区的秸秆产量最少，产量仅为360.46万t，占全国总产量的0.43%。

表3-11 2008年全国八大区秸秆总产量

区域分布	具体省份(自治区)	秸秆总产量/万t	占全国/%
东北区	辽宁、吉林、黑龙江	11 469.69	13.62
黄淮海区	北京、天津、河北、河南、山东	21 228.29	25.21
长江中下游区	上海、江苏、浙江、安徽、江西、湖北、湖南	21 572.41	25.61
华南区	福建、广东、广西、湖南	8 035.79	9.54
西南区	重庆、四川、贵州、云南	10 657.01	12.65
黄土高原区	山西、陕西、甘肃	4 463.10	5.30
西北干旱区	内蒙古、宁夏、新疆	6 432.67	7.64
青藏高原区	西藏、青海	360.46	0.43
全国		84 219.41	100

二、我国农作物秸秆废弃物资源化利用途径

随着我国传统农业向现代化农业转变以及改革开放以来我国经济、社会快速发展，传统的秸秆利用途径发生了翻天覆地的变化，尤其是随着农业科学研究和农业废弃物综合利用科学研究的日渐深入，科技进步和技术创新为农作物秸秆利用开辟了新方法、新途径。人们已经认识到农作物秸秆的巨大的、潜在的经济价值，农作物秸秆可以变废为宝、多渠道综合利用，农作物秸秆可以被消解，农民从中可获得额外的经济利益，政府可取得较好的社会效益，一举多得。

(一)农作物秸秆资源化利用的原则

1. 资源化原则

农作物秸秆是农作物的重要副产品，也可以是工业、农业生产的重要资源。因此，处理农作物秸秆废弃物应该从资源化和能源化两方面着手。

2. 因地制宜原则

农作物秸秆废弃物资源化利用应该具体问题具体分析，根据不同地区的农作物秸秆产量以及当地的经济水平、科技水平等情况，选择适宜的农作物秸秆资源化利用技术。

3. 可持续化原则

农作物秸秆废弃物资源化应该以提高综合利用率为目标，重点是突出农作物秸秆利用价值，降低农业生产成本，促进农业的可持续性绿色发展。

（二）农作物秸秆资源化利用途径分析

目前，我国农作物秸秆资源化利用途径主要体现在肥料化利用、饲料化利用、能源化利用和工业化利用等方面。

我国秸秆利用中，根据刘建胜的 8 省调查研究[①]，在各类农作物秸秆综合利用途径中，秸秆用作燃料的比例占主导地位；排在第二位的是饲料化，但是棉花秸秆基本不作为饲料，因为其木质素含量高，难以消化，一般都是用作燃料，利用比例高达 83%；排在第三位的是秸秆还田，用作肥料。2003 年 8 省秸秆利用方式比例如图 3-2 所示。

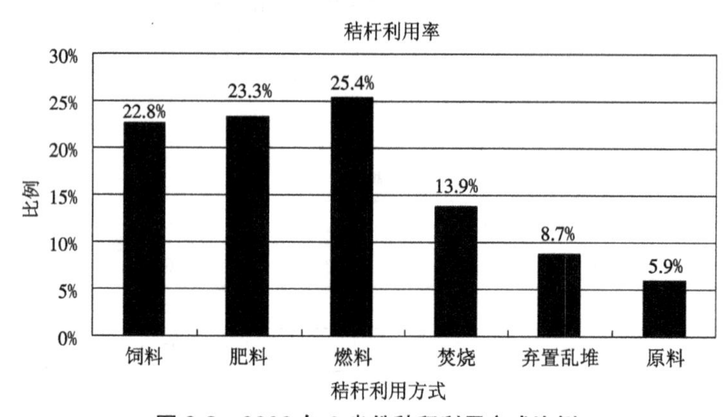

图 3-2　2003 年 8 省份秸秆利用方式比例

1. 秸秆肥料化

秸秆作为肥料的资源化利用方式主要有秸秆直接还田和秸秆间接还田两种（图 3-3）。因为农作物秸秆中含有的有机质和氮、磷、钾、镁等元素都是农作物生长的必需营养物质，故其是丰富的肥料资源。当农作物收割以后，农作物秸秆以适合的方式还田后，会大幅度增加农业有机肥，使土壤中的氮、磷、钾等元素增加，尤其是钾元素的增加最为明显，而且土壤的活性以及有机质也有一定的增加，这对于改善土壤结构有着重要作用。在实践过程中，农作物秸秆的不同利用方式大多数是相互结合、互为循环的，最终实现能量的高效梯级利用。

2. 秸秆饲料化

农作物秸秆饲料化主要是通过生物法、物理法、化学法、干贮法等方式，改变秸秆的长度、粗度、硬度等，把秸秆转化为优质的饲料，提高其适口度和可消化率，饲喂牛、马、羊等大牲畜，并将其粪便还田，即过腹还田。此过程对提高秸秆饲料的营养成分等作用显著，具有简单易行、省工省时、便于长期保存、全年均衡供应饲喂等特点，既解决了冬季牲畜饲料缺乏的问题，又节省了饲料粮，具有广阔的推广应用前景。

① 刘建胜. 我国秸秆资源分布及利用现状的分析 [D]. 北京：中国农业大学，2005.

3. 秸秆能源化

农作物秸秆的能源化利用方式主要有直接燃烧、转化成气体燃料和转化成液体燃料三种。具体有秸秆生产沼气、秸秆固体成型燃料、秸秆气化、直接发电、秸秆生产乙醇等方式，其中秸秆气化（气化成沼气、水煤气等）目前在国内已经开始得到较大规模的推广应用。

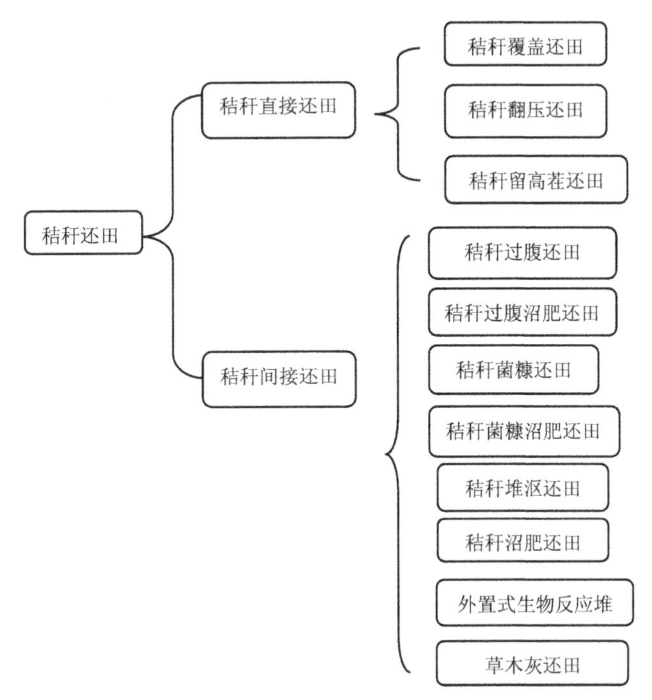

图 3-3　农作物秸秆肥料化资源利用方式

4. 工业化

农作物秸秆的工业化利用范围非常广泛。秸秆作为原料可用于建材、造纸、生产板材、轻工、纺织和化工等领域。此外，农作物秸秆还可以转化为基础料，主要用于培养食用菌基料、育苗基料、花木基料、草坪基料等。

三、农作物秸秆污染防治技术

（一）秸秆还田技术

秸秆还田是将秸秆发酵后施用于农田当中，或者将秸秆粉碎后埋于农田中进行自然发酵。秸秆还田是改良土壤、提高土壤中有机质含量的有效措施之一。农作物秸秆作为种植业中产量最大的农业废弃物，为了防止秸秆焚烧等带来的环境污染，通过各种形式的秸秆还田可以实现“粮食生产—农作物秸秆—还田—有机肥料—粮食生产”的农业循环，做到农业可持续发展。

在我国，几十年来，由于化肥的肥效快、施用方便、可以使粮食等农产品产量大幅度增加等，使化肥在我国农村广泛使用。目前，我国已经成为世界上使用化肥量最多的国家之一。但是我国的化肥利用率较低，大约为 30%，大量的化肥流失，不但造成了农业资金投入的浪费，而且由于化肥的使用不当，对农村环境和农业生态环境尤其是对农田土壤环境造成的不良影响及危害日益严重。此外，我国的大部分地区并没有采取有效的还田措施，导致耕地连年种植，使得土壤有效养分得不到及时补给，土壤中的有机质含量下降，肥力逐年降低，这种种大于养、产大于投的种植方式，造成土壤板结酸化、农作物营养不良、病虫害增多等严重后果，既不利于农业生产，也不利于生态环境良性发展。

秸秆还田在我国具有悠久历史，秸秆还田可以以草养花、以草压草，实现用地、养地相结合，达到培肥地力的目的。同时，秸秆还田可以减少化肥的施用量，增加土壤中有机质含量和速效养分的含量，缓解氮、磷、钾肥比例失调的矛盾；还可以调节土壤的物理性能，改善土壤结构，形成地面覆盖，对土壤水分蒸发、贮存具有调节作用；降低病虫害发生率，从而达到有机农业生产的基本要求，改善农业生态环境质量，避免秸秆就地焚烧造成的环境污染。农田覆盖秸秆后，冬天低温时节地下温度可提高 0.5~0.7 ℃，夏天高温时节地下温度可降低 2.5~3.5 ℃，土壤的水分可以提高 3.2%~4.5%，杂草可以减少 40.6% 以上。所以说，农作物秸秆还田是农作物秸秆污染防治和推进农业循环经济的重要技术。

通过图 3-3 可以看出农作物秸秆还田的方式有很多，都是根据我国不同地域的农业生产所总结出来的简单易行、成效显著、便于推广的农业还田模式。

1. 秸秆直接还田技术

秸秆直接还田主要是采用机械作业，机械化程度高，秸秆处理时间短，腐烂所需时间长，是用机械对秸秆进行简单处理的方法。

1）机械直接还田技术

机械秸秆还田技术以机械粉碎、破茬、深耕和耙压等机械化作业为主，将秸秆粉碎后直接还田，增加土壤有机质，提高作物产量，减少环境污染，是争抢农时的一项综合配套技术。秸秆机械粉碎还田技术是大面积实现“以田养田”、保护环境、建立高产、稳产农业的有效途径。

秸秆粉碎还田是采用机械一次作业将田间直立或者铺放的秸秆直接粉碎还田，使手工还田多项工序一次完成，这种方式能使生产效率提高 40 倍。使用秸秆粉碎根茬还田机可以使秸秆粉碎与旋耕灭茬融为一体，能够加速秸秆在土壤里腐解，从而使营养物质被土壤吸收，改善土壤的团粒结构和理化性能，增加土壤肥力，促进农作物持续增产增收。这种形式主要在我国的华北地区采用，水热条件好、土地平坦、机械化程度高的地方都可以使用秸秆粉碎还田技术。农作物秸秆粉碎的长度要小于 10 cm，均匀地撒在农田里，在使用的过程中配合施用氮肥 300~600 kg/hm^2，同时为了夯实土壤、加速农作物秸秆的腐化，必须在整好地后浇好“踢墒水”。

秸秆整秆还田技术主要是指小麦、水稻和玉米秸秆的整秆还田机械化，可将田间直立的农作物秸秆翻埋或者平铺于地面。

机械直接还田技术高效低耗、省时、省工，容易被广大农民接受。而且这项技术可通过地表秸秆残茬覆盖保护土壤，提高土壤蓄水保墒能力，达到农业高效、高产、优质、低耗的可持续发展。但是其也有缺点，如在丘陵、山地中，由于耕地面积小，机械使用不方便，影响还田效果;而且前期投入比较大,成本较高,推广起来较难。

2)秸秆覆盖还田技术

秸秆覆盖还田技术是将农作物秸秆粉碎后或者使整秆直接覆盖在农田里。秸秆覆盖可以使土壤饱和导水率提高,土壤蓄水能力增加,可以调控土壤供水,提高水分利用率,促进地上的作物生长。农作物秸秆在农田里腐烂以后,还能增加土壤的有机质,补充土壤中的氮、磷、钾等营养成分,改善土壤的物化性能。秸秆覆盖还可以调节土壤温度,有效缓解气温变化对农作物的伤害。

农作物秸秆覆盖还田技术在使用时要注意农作物秸秆的覆盖厚度为3~5 cm,覆盖均匀,地表的秸秆覆盖率大于30%,以此来保证顺利地完成播种等种植任务。整秆覆盖法比较适宜于干旱地区以及北方地区的小面积人工整秆倒茬间作,而高留茬覆盖还田技术主要应用于我国麦、稻种植区。

目前,在我国农村常用的秸秆覆盖还田技术有以下几种形式。

(1)农作物秸秆直接覆盖还田。这种方式十分简单,仅是把农作物秸秆直接覆盖在农田土壤的表面,与免耕播种相结合,农田的蓄水、保水、增产效果都十分明显,而且工序少、成本低,便于就地抢农时播种。

(2)农作物秸秆高留茬覆盖还田。这种方式主要应用于小麦、水稻等秸秆,分为高茬覆茬打碎覆盖和高茬休闲覆盖两类。高茬覆茬打碎覆盖适合旋耕播种、硬茬播种、先撒籽后旋耕播种等播种方式。高茬休闲覆盖主要包括旋耕覆盖、深松覆盖、整秆覆盖,具体操作为在收割时,留秸秆高茬20~30 cm,农作物秸秆的还田量约为2 250 kg/hm^2,同时配合使用氮肥150~225 kg/hm^2,然后用拖拉机犁将其翻入土中,实行秋冬灌及早春保墒。这种方式可以就地翻压、省时省力、还田均匀等,但是这种形式因为农作物秸秆还田量少,不足以弥补土地肥力的消耗。

(3)超高茬麦田套稻秸秆还田。这种方式是指在小麦收割前的麦田中撒播稻种,稻种发芽出苗,在小麦收割时留高茬秸秆还田,灌水后麦田直接转化为稻田。超高茬麦田套稻是将轻型栽培、节水旱育、免耕及秸秆还田等栽培技术融为一体,可以培肥土壤、保护环境,省工省本(不用育秧和插秧)。

(4)带状免耕覆盖。这是一种新型的保护性耕作技术,使用带状免耕播种机,在农作物秸秆直立的状态下直接播种,实现带状免耕的农作物秸秆集垄覆盖、垄际耕作播种,具有适应性强、生产工序少、生产成本低、应用效果好等优点。

3)机械旋耕翻埋还田技术

这种形式主要适用于玉米秆,这是由于玉米秆木质化程度低,秆壁脆嫩,容易折断。当玉米收获以后,由机械挂旋耕机横竖两遍旋耕,就可以将玉米秆切成20 cm左右长的秸秆并旋耕入土。由于玉米秆通气组织发达,遇水易软化,腐解速度快,其养分当季就可以被利用。如果按照每公顷秸秆还田量30 000 kg计算,相当于每公顷投入碳酸氢铵345 kg、氯化钾150 kg、过磷酸钙975 kg,可以使每公顷水稻增产1.2~1.65 t。

2. 秸秆间接还田技术

1)秸秆堆沤还田技术

秸秆堆沤还田技术就是使农作物秸秆充分高温腐熟以后，对其进行人为调节和控制，加入畜禽粪便和多种微量元素、生物菌，加工成生物有机肥还田。这种方法就地取材、操作简单，可以解决干旱少雨地区的农作物秸秆不易腐烂的问题，尤其适用于农户分散的小规模应用。秸秆堆沤还田是解决我国当前有机肥源短缺的主要途径，也是中低产田改良土壤、培肥地力的一项重要措施。

秸秆堆沤还田技术根据堆肥条件的差异可分为好氧堆肥和厌氧堆肥两种。

农作物秸秆好氧堆肥技术也可以称为高温堆肥技术，主要是在有氧状态下，利用好氧微生物在高温条件下对农作物秸秆进行降解，加速农作物秸秆中的木质素、纤维素和半纤维素的腐烂降解从而形成堆肥。

农作物秸秆厌氧堆肥技术也可以称为自然发酵堆肥技术，主要是将收集的秸秆粉碎后使其与畜禽粪尿充分混合，封闭不通风，使其自然发酵，经发酵的秸秆可加速腐殖质分解，制成质量较好的有机肥，作为基肥还田。为了缩短堆肥时间，还可以采用添加发酵菌、营养液和降解菌等措施。这种农作物秸秆利用技术是我国传统且普遍使用的方法，深受农民欢迎。

根据资料显示，500 kg 腐熟堆肥的肥效相当于 15.2 kg 尿素、24 kg 磷肥，如果长期使用堆腐肥，不仅能够减少环境污染，还可以提高土壤中的有机质含量，同时减少化肥的使用量，提高农产品的质量。

2)秸秆过腹还田技术

农作物秸秆过腹还田在我国有着悠久的历史，是一种效益很高的秸秆利用方式。秸秆过腹还田技术就是对农作物秸秆进行青贮、微贮、氨化处理后，喂给畜禽食用，经过畜禽的肠胃消化，再把畜禽粪便当作肥料还田。这种方法既可以达到畜牧业增值增收的目的，同时实现了有机肥还田，形成了“粮食—秸秆—饲料—畜禽—有机肥—粮食”的良性循环，真正形成了节粮型畜牧业结构。实践证明，农作物秸秆过腹还田一举多得，一物多用，既可以增加畜牧业产量，促进农业生产，缓解粮食和饲料供需矛盾，同时还可以提高农作物秸秆资源化利用率，减少农作物秸秆对环境的污染。

3)草木灰还田技术

这种技术并不可取。这种技术中用户用农作物秸秆烧制草木灰，利用农作物秸秆中含有的钾元素制取钾肥。虽说农作物秸秆中的钾含量最高，约为 0.9%，露天焚烧农作物秸秆可以得到一定量的天然钾肥，但是秸秆中其他有机物和氮肥等都会白白浪费掉。然而钾肥的主要作用是单一的，对于农作物生长来讲，仅对其茎秆坚韧、预防农作物生长期的倒伏而造成减产有一定作用，但是农作物生长所需的营养成分是多方面的，不是只有钾肥就可以的。

最重要的一点就是，露天焚烧秸秆、烧制草木灰还田会产生大量的浓烟，造成空气污染，影响交通安全等，是农作物秸秆污染环境的罪魁祸首，因此不提倡这种形式，甚至国家和各地政府出台政策将秸秆焚烧作为环境污染的防治对象。

4)沼渣还田技术

沼渣还田技术即“秸秆气化、废渣还田”,是一种生物质热能气化技术。秸秆气化后,其生成的可燃性气体(沼气)可作为农村生活能源集中供气,气化后形成的废渣经处理后可作为肥料还田。秸秆经不完全燃烧后,可变成保留养分的草木灰作为肥料还田。生产实践证明,沼渣还田技术是一种效益较好的农作物还田方式。秸秆发酵后产生的沼渣、沼液是优质的有机肥料,无毒无害、优质高效,营养成分丰富,腐殖酸含量高,肥效缓速兼备,是生产无公害农产品、有机食品的良好选择。

5)秸秆菌糠还田技术

这种方式是利用农作物秸秆培育食用菌,再经过菌糠进行还田。这种技术可谓经济效益、社会效益、生态效益三者兼得,既可以节省成本,又可以减少化肥污染,保护农田的生态环境。

(二)秸秆饲料化技术

我国农村自古就有利用农作物秸秆作为畜禽饲料的传统,但是直接使用农作物秸秆作为饲料,不是最好的选择。因为农作物秸秆的粗纤维含量较高,粗蛋白、可溶性糖类、胡萝卜素和各种矿物质元素的含量比较低,而且硅酸盐的含量也较高,这就使秸秆作为饲料的适口性差,动物的采食量低、消化率低。如果直接将秸秆作为饲料喂畜禽,而不经过加工处理,不仅会造成畜禽的食用量大增,而且也不能满足畜禽的生理要求。因此,要提高农作物秸秆的营养价值,必须对其进行合理的加工处理,用物理、化学方法使秸秆中的木质素等得到降解,转化为含有丰富菌体蛋白、维生素等成分的生物蛋白饲料,提高其消化率,使秸秆的饲料利用率得以提高。

1. 农作物秸秆饲料加工改进方法

1)物理方法

物理方法改进农作物秸秆的使用价值主要是通过机械加工、辐射处理、蒸汽处理等方式进行的,在实施过程中主要根据秸秆在日粮中的比例、饲养畜禽的种类以及经济条件等因素采取不同方法。

(1)机械加工。这种方法主要是通过机械加工使农作物秸秆的长度变短、颗粒变小,使畜禽对秸秆的采食量、消化率以及代谢能的利用率都发生改变。这种方法的优势就是便于饲喂,防止畜禽挑食,减少浪费。

(2)辐射处理。这种方法是利用γ、X射线对小麦秸秆、大麦秸秆等农作物秸秆进行照射,以提高秸秆饲料的体外或者体内消化率。

(3)蒸汽处理。通过高温水蒸气对秸秆化学键的水解作用达到提高秸秆饲料消化率的目的。但是蒸汽处理耗能太多,推广较难。

2)化学方法

化学处理方法主要是利用化学制剂作用于农作物秸秆,使秸秆内部结构发生变化,从而有利于瘤胃微生物的分解,达到改善秸秆营养价值、提高其消化率的目的。

用于农作物秸秆处理的化学制剂很多,包括甲酸、乙酸等酸性制剂,NH_4HCO_3 等盐类制剂，NaOH、NH_3 等碱性制剂以及其他品种。化学方法中应用最多的是 NaOH 处理和氨化处理。

（1）NaOH 处理。此方法最早源于 20 世纪初期，有"湿法"和"干法"两种。"湿法"是将 NaOH 配比为秸秆体积 10 倍的溶液，用其浸泡秸秆一定时间后，用水洗净余碱，剩下的秸秆用来喂畜禽。"干法"是 20 世纪 60 年代后期被提出的，主要是将高浓度生物 NaOH 溶液喷洒在秸秆上，通过充分混合，使溶液渗透到秸秆里，不用水洗直接饲喂畜禽。这两种方法都会污染环境，而且畜禽长期大量采食这种方法处理的秸秆饲料，会引起体内矿物质的失衡，影响畜禽健康。因此，从 20 世纪 70 年代后，这种方式已经逐渐被淘汰。

（2）氨化处理。这种方式主要是利用秸秆中低含量的氮与氨相遇后发生氨解反应，可以破坏木质素与多糖链间的酯键结合形成铵盐，作为反刍动物瘤胃微生物的氮源，这是强化饲料消化作用的关键。

3）生物处理

利用生物学方法处理农作物秸秆进行饲料加工具有能耗低、成本低、效果佳的优点。生物方法处理秸秆主要有两类：一是用秸秆作为基质进行单细胞培养，可以直接在秸秆上培养能够分解纤维的单细胞生物，也可以用化学或酶的作用来水解秸秆的多聚糖变为单糖，然后培养酵母，生产高质量饲料；二是主要分解木质素，破坏纤维素－木质素－半纤维素的复合结构，以此来提高秸秆消化率。现在应用广泛的生物处理法是青贮技术。

4）复合处理

在实际生产中，单一的处理方法并不能达到很好的效果，往往需要通过各种方法结合使用。如青贮过程中添加精料是物理处理与生物处理的结合；以碱化和微生物发酵同时进行农作物秸秆处理则是化学处理与生物处理的结合。

目前，热喷技术与碱化－发酵处理是较为理想的农作物秸秆饲料加工技术，但是适于在经济较为发达的农村进行推广。以上几种方法各有所长，需要根据当地的具体条件因地制宜地选择合适的方法。

2. 农作物秸秆青贮技术

青贮技术属于生物处理技术，是利用乳酸菌等微生物的生命活动，通过发酵作用，将青贮原料中的糖类等碳水化合物变成乳酸等有机酸，增加青贮料的酸度，以厌氧的青贮环境抑制霉菌的活动，来保证青贮料的长期保存。

适用于青贮技术的主要是含水率在 60% 左右，具有一定含糖量的秸秆，如玉米秆、高粱秆、花生蔓等。

青贮的设备种类很多，主要有青贮窖、青贮袋、青贮塔等，最为常见的是青贮窖（图 3-4）。青贮设备的要求是密闭、抗压、承重以及装卸料方便，设备原材料采用混凝土、塑料制品等均可。以青贮窖为例，其建筑结构以砖砌混凝土为主，一般采用长方形的半地下式，一端留斜坡，便于运输。青贮窖宽度一般为 2.5~3 m，深度不超过 3 m，长度根据养殖规模而定。青贮窖应选择在干燥、排水好、地势高、土质坚硬、避风向阳、没有粪场、距离畜舍较远的地方。

青贮饲料的调制方法主要有地上青贮法、水泥池青贮法、窖内青贮法和土窖青贮法。青贮技术对原料的含水率要求为 70% 左右，因此在操作过程中对含水过高的原料应该适当晾晒，或是混入含水较少的原料进行调配；原料水分偏低的时候，应该均匀地喷洒清水或者是混入含水较多的饲料。青贮的原料应适时收割，以免影响原料产量或者青贮质量，或者导致青贮失败。由于农作物秸秆乳酸菌的生长繁殖要求湿润、厌氧和有一定数量糖类的环境，因此在青贮时要将农作物秸秆原料切成 2~3 cm 长的切段，装填时要层层压紧、压实，排出空气，营造厌氧环境，防止发酵失败。青贮饲料在 30~50 天就可以取用喂畜禽。取饲料时，一般要从阴面一端开始，逐层逐段取料，每次取料后，对剩余料要立即用塑料布盖好，且严实压紧，防止空气进入，而使青贮料发霉变质。

图 3-4　青贮窖

青贮饲料添加剂有氨水、尿素、甲酸、丙酸、稀硫酸、盐酸、甲醛、食盐、糖蜜和活干菌等。

影响青贮饲料质量的因素有农作物的品种、生长期、土壤和肥力、气候与地形等；决定青贮发酵程度和方式的主要因素有干物质含量（青贮成败的关键）、水溶性碳水化合物、缓冲能力、硝酸盐含量、氧气和青贮保存能力等。总之，要提高青贮质量，需要对农作物秸秆收获前和收获后进行良好管理，适期收割，且原料水分恰当。已经收获的农作物秸秆要尽快切短、装窖、压实、密封，开窖后要加强管理。收获制作过程越快，青贮质量越高。

青贮饲料的品质鉴定主要采取感官鉴定，通过色泽、气味、味道等来评判青贮饲料的质量。优质的青贮饲料为黄绿色或者绿色，有水果的弱酸味或者酒糟味，质地柔软，叶脉明显，茎叶保持原状。

3. 农作物秸秆微贮处理技术

农作物秸秆微贮处理技术是借助以乳酸菌为主的微生物作用，使秸秆在厌氧的状态下发酵，既可以抑制或者杀死各种微生物，又可以降解秸秆中的可溶性碳水化合物而产生醇香味，提高饲料的适口性。

微贮处理技术需要添加微生物添加剂，如秸秆发酵活干菌、酵母菌等，它们可以将农作物秸秆中的纤维素、半纤维素以及木质素等有机碳水化合物转化为糖类、乳酸和其他一些挥发性脂肪酸，来提高秸秆的利用率。

农作物秸秆微贮处理技术在实施过程中应该注意：农作物秸秆原料的糖分要高；农作物

秸秆原料的含水率要较高，为 55%~65%；要具有密封的厌氧环境条件。

4. 农作物秸秆氨化处理技术

农作物秸秆氨化处理是在密闭的条件下用液氨或者尿素等对秸秆进行处理的方法。从 20 世纪 80 年代开始，我国就开始了秸秆氨化的研究和试验，到了 20 世纪 90 年代已经全国普及，氨化秸秆总量达到 1 000 万 t，位居世界第一。因为农作物秸秆氨化处理技术成本低、方法简单、对环境无害，因此使用较为广泛。

农作物秸秆氨化处理技术使秸秆的消化率提高 15%~30%，含氮量增加 1.5~2 倍，且处理后的秸秆营养价值大大提高，适口性好，畜禽采食量增加。

1）农作物秸秆的主要氨源

我国的秸秆氨化的主要氨源有尿素、液氨、碳铵和氨水 4 种。

（1）尿素（$CO(NH_2)_2$）。尿素含氮量为 46.67%，在秸秆氨化过程中吸收水分，在适宜的温度和脲酶的作用下分解成氨和二氧化碳。尿素在运输、使用过程中不需要专用设备，比较适合农民使用，但是由于秸秆内脲酶含量低，尿素分解不完全，需要在氨化过程中加入 1% 左右的豆饼粉作为脲酶来源，并提高氨化温度。

（2）液氨。液氨分解效果比尿素好，成本低。但是液氨需要用高压容器来贮存，需要当地政府建立专用设备站、提供贮存液氨的氨瓶等。

（3）碳铵（NH_4HCO_3）。碳铵含氮量在 16% 左右，可以在一定温度下分解成氨、水和二氧化碳。

（4）氨水。氨水浓度为 18%~20%，也是常用氨源，但是比较适用于运输条件方便、距离氨水厂近的地方。

2）农作物秸秆氨化的主要方法

（1）氨化池氨化法。氨化池为长方体或圆柱体，选址在向阳、避风、地势高、土质硬、方便管理和运输的地方。氨化原料需要是粉碎的或是为 1.5~2 cm 小段的农作物秸秆。用温水将为秸秆质量 3%~5% 的尿素溶解制成溶液，均匀喷洒在秸秆上，并搅拌均匀，保证每层秸秆都被 1 次尿素水溶液喷洒到，并对其踩实，最后用塑料薄膜盖好池口，四周用土壤覆盖密封。

（2）塑料袋氨化法。塑料袋大小依个人方便为宜，选取结实多层的塑料袋，将切断的秸秆用配置好的液氨溶液均匀喷洒，装满后封严袋口，放在阳光充足、避风、干燥的地方即可。需要注意的是为保证氨化过程，塑料袋要密封良好。

（3）窖贮氨化法。这种方式选取的设备形式有窖、池等。窖的大小视具体而定，窖可建设为地下式或半地下式。选址也要在向阳、避风、地势高、土质硬、方便管理和运输、距离畜禽舍近、方便取拿的地方。此法要求窖不能漏气、不能漏水、窖壁光滑平整。氨化窖建好后，所需要的氨化原料为长 1.2~2 cm 的农作物秸秆段，用尿素溶液均匀喷洒，装满后需要在原料上盖 5~20 cm 厚的秸秆，再覆盖上 20~30 cm 厚的土并踩实。封窖时，原料要高于地面 50~60 cm，防止雨水渗入。氨化过程中需要时常观察窖的密封性。

以上 3 种秸秆氨化形式是我国比较普遍使用的方法，适用于个体农户的小规模生产。

无论是窖还是池都可以多用，既可以氨化又可以青贮，利用率高，建造成本低，使用时间长，而且由于池和窖都是有固定尺寸的，便于测量农作物秸秆的量。

（4）堆垛氨化法。这种秸秆氨化法需要选择的场地为地势干燥、无鼠害的平地。准备工作是在地上附上一层厚约 0.2 mm 的塑料薄膜，长宽需要根据秸秆堆垛的大小而定，一般来讲堆高不要高于 2.5 m。塑料薄膜上堆垛 15~20 kg 的秸秆，秸秆应捆成垛、加上氨水并调整含水率，塑料薄膜的周边留出大致 70 cm 的宽度，再在垛上盖塑料薄膜，将上下薄膜的边缘包卷起来，埋土或用重物压住密封。

（5）氨化炉法。这种方法是将加氨秸秆在氨化炉内加温到 70~90 ℃，保温 10~15 小时，然后停止加热，保持密闭状态 7~12 小时，开炉后让余氨散发 1 天，就可以用于饲喂了。氨化炉的结构可以为砖砌混凝土结构或钢铁结构，需要安装温度自动控制装置、轨道，制作专门的草车沿轨道运输。氨化炉一次性投入大、成本较高，优势是经久耐用，一天一炉，氨化处理时间短，不受季节天气等因素影响，生产效率高。

（6）真空氨化法。这种方法主要是在澳大利亚等发达国家使用。此法将秸秆装入容器后先用真空泵抽出一部分空气，然后用氨泵注入液氨。

3）农作物秸秆氨化的注意事项

首先，原料的品质对于秸秆氨化后的改进幅度有很大影响。其次，氨化的秸秆要求为含水率为 30% 左右的干秸秆，含水率过高不便于运输操作，且具有霉变的可能性。再者，氨的经济用量关乎秸秆的消化率，因此用液氮、尿素等处理秸秆时要根据各自的含氮量进行计算，要求是在秸秆干物质质量 2.5%~3.5% 的范围内。另外，环境变化以及氨化时间也是需要注意的因素，一般，环境温度与氨化时间成反比。最后，用时取料随用随取，取料后一定要注意密封。秸秆氨化后的饲料不能直接饲喂畜禽，而是需要晾晒 1~2 天再饲喂。

5. 农作物秸秆颗粒化处理技术

农作物秸秆颗粒化处理技术需要借助机械，将农作物秸秆粉碎、揉搓成一定长度之后，再按照配方把各种原料搭配并且混合一定时间后，用特定型号的颗粒机制成颗粒饲料。

这种方式的优点是易将维生素、添加剂等成分强化进入颗粒饲料中，提高饲料的营养价值，实现营养均衡，改善适口性。这种技术操作简单、实用性强、饲喂效果明显，而且投资不多，比较适合农民使用，能够很好地解决秸秆本身存在的对规模发展畜牧业的制约，避免了大部分秸秆利用技术就地处理使用的弊端。其生产模式主要有自动化高效生产模式、半自动化生产模式和户用型生产模式。

6. 农作物秸秆热喷处理技术

农作物秸秆的热喷处理是将饲料原料（秸秆、鸡粪、饼粕等）装入饲料热喷机内，向机内通入热饱和蒸汽，经过一定时间，使物料受到高压热力的处理，然后对物料突然降压，迫使物料从机内喷爆于大气中，从而改变其结构和某些化学成分，并经过消毒、除臭过程，使物料变成更有营养价值的饲料。这是一个压力和热力加工过程。这个过程需要特殊的热喷装置及独特的工艺流程（图 3-5）来完成。

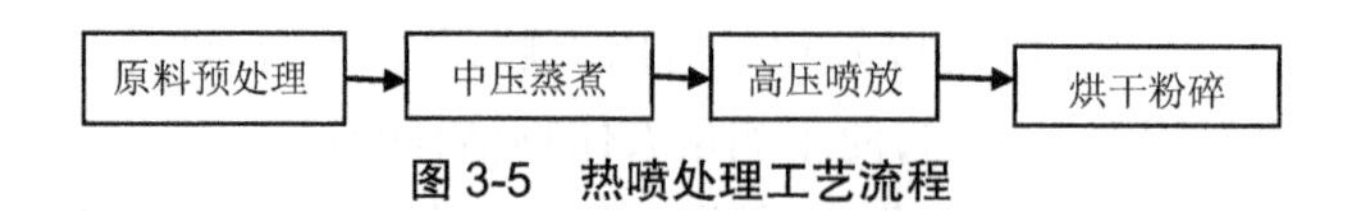

图 3-5　热喷处理工艺流程

农作物秸秆经过热喷加工处理后，消化率可以提高 50%，全株采食率可提高到 90% 以上，还可以对菜粕、棉粕等进行脱毒，使其利用率可以提高 2~3 倍。此方法还可对鸡鸭粪便、牛粪进行除臭、灭菌等处理，使其成为正常的蛋白质饲料。不同秸秆热喷处理前后消化率变化见表 3-12。

表 3-12　不同秸秆热喷处理前后消化率变化　　单位：%

粗饲料种类	处理前	处理后	粗饲料种类	处理前	处理后
春小麦秆	38.46	55.46	向日葵秆	49.59	58.96
稻草	40.14	59.61	甘蔗渣	48.35	59.79
玉米秆	52.09	64.81	芦苇	42.79	55.61
高粱秆	54.04	60.03	红柳条	29.55	48.87

7. 农作物秸秆膨化处理技术

农作物秸秆的膨化处理技术现已被广泛用于秸秆饲料的生产加工过程中。在膨化机内部高温高压的作用下，农作物秸秆被膨化，最终可达到熟化、膨化的效果。其工作机理是秸秆通过螺杆挤压方式被送入膨化机，在这个过程中螺杆螺旋推动物料向着轴线方向流动，在螺杆螺旋、机筒与物料的摩擦作用下，物料被强烈挤压、搅拌和剪切，最终达到被细化、均化的目的。机器内部的压力和温度会随之升高，使得其内部已经被粉碎的秸秆物料熟化，由粉末状变成糊状从膨化机的模孔喷出。在物料被喷出膨化机的瞬间，物料周围的温度和压力迅速降低，物料在这种压力差的作用下被膨化、失水，形成疏松、多孔的膨化饲料。

（三）秸秆能源化技术

生物质能是太阳能以化学能的形式贮存在生物质中的能量，可以直接或间接来源于绿色植物的光合作用，是唯一可存储和运输的可再生能源。农作物秸秆作为生物质能资源的主要来源，是目前世界上仅次于煤炭、石油以及天然气的第四大能源。与化石能源相比，生物质能具有清洁环保、可再生、分布分散、资源丰富等特点。因此，通过物理、化学等方法对秸秆的纤维素、半纤维素等主要成分进行有目的的转化利用是农作物秸秆污染防治与资源化利用的重要课题。

1. 农作物秸秆直接燃烧技术

1）农作物秸秆燃烧供热技术

秸秆直接燃烧是秸秆能源利用的主要途径，也是传统的能量转换方式，成本低，容易推广。在我国，秸秆主要是用于农户炊事用能，每年的直接燃烧量占农作物秸秆能源利用总量的 99% 以上。根据资料显示，秸秆热值约为 15 000 kJ/kg，是标准煤的 50%，不同秸秆的热值不同，见表 3-13。

表 3-13　不同秸秆的热值表　　单位:kJ/kg

秸秆种类	麦秸	稻秸	玉米秸	大豆秆	薯类	杂粮类	油料	棉花
热值	14 650	12 560	15 490	15 900	14 230	14 230	15 490	15 900

秸秆直接燃烧供热系统是以秸秆为燃料,以专用秸秆钢化炉为核心形成的供热系统。该系统由秸秆直燃热水锅炉、配套的秸秆收集与前处理系统和供热管路等组成,可以为乡镇机关、中小学校以及相对集中的乡镇居民和经济比较发达的自然村提供热水及冬季采暖用能。但是这种方式具有效率低、污染环境等问题,因此推广起来较为困难。

2)农作物秸秆直接燃烧发电技术

农作物秸秆直接燃烧发电技术是指把秸秆原料送入锅炉中直接燃烧产出高压水蒸气,通过汽轮机的涡轮膨胀做功,驱动发电机发电。目前来讲,这种秸秆直接燃烧发电技术主要有水冷式振动炉排燃烧发电技术和流化床燃烧发电技术两类。

农作物秸秆直接燃烧发电技术需要注意的问题是解决床料烧结、受热面高温碱腐蚀以及积灰问题。这是因为秸秆燃烧后灰量很少,难以形成床料,所以多以河沙为床料,但是实际上会发生燃结现象,温度是主要因素。出现这种现象是因为生物质灰中富含碱金属(Na、K)氧化物和盐类。这些元素的化合物与沙子中的 SiO_2 发生化学反应,生成低熔点的共晶体,熔化的晶体沿沙的缝隙流动,使沙粒结块,破坏流化。

2. 秸秆气化技术

1)秸秆气化集中供气技术

这项技术是我国十分重视的农村能源建设新技术,从 1996 年开始在全国发展起来。它是以农村丰富的秸秆为原料,经过热解和还原反应后生成可燃性气体,再通过管网送到农户家中,供炊事、采暖使用,改善了农民原有的以薪柴为主的能源消费结构。

由于生物质燃气在常温下不能液化,需要通过输气管网送至用户,因此农作物秸秆气化集中供热系统要以自然村为单位设置气化站(气柜设在气化站内),敷设管网,通过管网输送、分配生物质燃气到用户的家中,规模大小可以是数十户到几百户不等。集中供热系统包括原料处理机(粉碎机等)、上料装置、气化炉、净化装置、风机、储气柜、安全装置、管网和用户燃气系统等设备。因为燃气特性不同,生物质燃气的燃烧需要专用灶具。

现在我国农村多为整齐划一的规划,因此有利于该技术的推广实施。因为项目规模小,省去了主干管网的铺设,输送管网距离短,降低了输送成本和对管材的要求,使项目投资成本大大降低。秸秆气化集中供气技术改善了农民的生活方式,提高了其生活舒适度,节省了用于炊事的劳动量和时间,而且使农作物秸秆得到了资源化利用,节省了木材的消耗,保护了环境。但是,农作物秸秆气化后产生的粗燃气含有焦油等有害杂质,如处理不当,会造成对周围空气、水和土壤的污染。

2)农作物秸秆气化发电技术

农作物秸秆气化发电技术是指首先使生物质原料在缺氧状态下发生热化学反应转化为气体燃料(CO、H_2、CH_4),然后将转化后的可燃气体由风机抽出,经过冷却除尘、去焦油和杂质后，供给内燃机或者小型燃气轮机带动发电机发电。目前，秸秆气化发电主要应用于较小规模的发电项目。

3. 农作物秸秆发酵制沼技术

农作物秸秆发酵制沼技术主要是以秸秆为发酵原料，在隔绝空气并维持一定温度、湿度、酸碱度等条件下，经过沼气细菌的发酵作用生产沼气。沼气是一种可再生的清洁能源，以甲烷为主，其含量一般为 55%~70%，沼气热值为 20~25 MJ/m^3，燃烧热效率高，1 座用户沼气池每年大约可代替 0.8 t 标准煤，节省农户 50% 以上的生活能源。同时使用农作物秸秆、畜禽粪便等农业废弃物发酵制沼，不仅可以减少农户煤的使用，节约了经济成本，而且使用沼渣、沼液种植蔬菜和其他农作物，能够提高农作物产量，改善农作物品质，降低生产成本，肥田效果佳，可以实现农作物秸秆的综合利用，体现了循环经济的效益。

农作物秸秆发酵制沼技术从规模上来讲，可以是单独农户沼气利用，也可以敷设管道，集中供气。

农作物秸秆发酵制沼技术有两种方式。第一种是直接使用沼气池制取。该方法主要是把农作物秸秆以及杂草、灌木枝条等农林废弃物混合牲畜的粪尿后直接放入沼气池，在隔绝空气的条件下，调节合适的温度、湿度，经过微生物的发酵作用生产沼气。农作物秸秆制沼需要预处理，一般采取的是物理方法，即将秸秆粉碎或者是铡碎，然后在厌氧微生物的发酵作用下，生产沼气。为了保证沼气的正常生产，需要严格厌氧，沼气池必须密闭，排空空气。由于秸秆不容易被微生物或者酶直接利用，因此需要在发酵时添加富含氮素的原料，来减少发酵启动时间，提高沼气产量。这就需要碳氮比正常，一般控制畜禽粪便与农作物秸秆的比例为 2∶1。控制好温度，保证在 25~40 ℃这个温度范围内，温度越高发酵越好，产生的沼气也越多。pH 值为 6.5~8，可以通过碳酸氢铵及石灰水等调节 pH 值。

此外，还有一种方式是对粉碎的农作物秸秆进行预处理，并按照产量需要量放入猪圈舍内，由猪来进行堆沤，干湿发酵，竹笼导气，还田循环。

4. 农作物秸秆固体生物质燃料技术

农作物秸秆固体生物质燃料技术是将农作物秸秆等农业废弃物粉碎，然后在一定压力和温度作用下，通过固体成型设备将农作物秸秆等压缩成型，主要有颗粒状、棒状和块状三种。该技术可以将秸秆中生物质的纤维素、半纤维素和木质素等在 200~300 ℃温度下软化，用压缩成型机械将经过干燥和粉碎的松散生物质肥料在超高压的条件下，靠机械和生物质废料之间及生物质肥料相互之间摩擦产生的热量或外部的加热，使纤维素、木质素软化，经挤压成型后得到具有一定形状和规格的新型燃料。目前，这种技术能够提高生物质单位容积的质量和热值，其燃烧效率超过 80%，产生的 SO_2、氨氮化合物和灰尘少，减少了空气污染和 CO_2 的排放，方便运输和储存，可以实现商品化，具有较好的社会效益和环境效益。

从广义上讲，生物质燃料技术工艺可以划分为湿压成型技术、加热压缩成型技术和炭化成型技术 3 种形式。

1）湿压成型技术

这种技术常用含水量较高的原料，将原料水浸数日后将水挤走，或对原料喷水，加黏结剂搅拌混合均匀，利用简单的杠杆和木模等将腐化后的农业废弃物中的水分挤出，压缩成成型燃料。这样成型的燃料密度较低，湿压成型设备较为简单，容易操作，但是设备零部件磨损率高，烘干费用也高，产品的燃烧性差。

2）加热压缩成型技术

加热压缩成型技术的流程包括原料粉碎、干燥混合、挤压成型、冷却包装等环节。生产工艺流程不同，采用的压缩成型设备的工作原理也不同，主要采用螺旋挤压型成型设备、活塞冲压型成型设备和压模辊压式颗粒成型设备。

螺旋挤压型成型设备采用连续挤压的方式，生产的成型燃料通常为空心燃料棒。

活塞冲压型成型设备不用加热，采用冲压的方式把原料压紧成型，这种技术成型密度较大，对物料含水量要求较宽，但是生产率较低，产品质量不稳定，生产的成型燃料为实心燃料棒或燃料块。

压模辊压式颗粒成型设备多用于生产颗粒状的成型燃料，不需要外部加热，靠物料挤压成型时产生的摩擦热即可使物料软化、黏合。这种方式对原料的含水率要求为 10%~40%。

3）炭化成型技术

炭化成型技术主要有两种形式：一是先炭化后成型，将生物质原料炭化成粉粒状木炭，然后再添加一定的黏结剂，用压缩成型机将其挤压成一定规格和形状的成品木炭；二是先成型后炭化，用压缩成型机将松散细碎的原料压缩成具有一定密度和形状的燃料棒，然后用炭化炉将燃料棒炭化成机制木炭。

5. 农作物秸秆液化技术

农作物秸秆液化技术是通过物理、化学或者生物方法，使秸秆的木质素、纤维素等转化为醇类、可燃性油或其他化工原料[①]，目前有三种形式，分别为直接液化、高温高压液化和微波液化。

（1）直接液化。这是指在中低温、高压并有催化剂参与的情况下，将生物质转化为液态的热化学反应过程，有 H_2、CO 等还原性气体参与，可以分为反应产物保留植物纤维原料的大分子结构和破坏原料的大分子结构两类。农作物秸秆生产乙醇需要提前进行预处理。

（2）高温高压液化。这是在高压下发生热化学反应的过程，温度为 300~500 ℃，通过催化剂催化。此技术耗能较大，对设备耐压要求较高，主要应用于农作物秸秆制作柴油。

（3）微波液化。这是利用微波辐射使小分子极性物质产生物理效应，从而加速反应、改变反应机理或启动新的反应通道的技术。

（四）秸秆工业化技术

农作物秸秆的工业化广泛应用于建材工业、轻工业和纺织工业。目前，我国农作物秸秆主要用于造纸，占农作物秸秆总量的 2.3%，还用于建材生产等。经过技术加工，秸秆还可以生产糠醛、酒和木糖醇等。

1. 农作物秸秆造纸技术

秸秆是中国造纸工业的重要原料，在 20 世纪 90 年代秸秆造纸的应用量达到了 2 000

① 陈明波，汪玉璋，杨晓东，等. 秸秆能源化利用技术综述 [J]. 江西农业学报，2014，26（12）：66-69.

万 t 以上。

造纸技术在我国有 2 000 多年的历史，是我国“四大发明”之一。目前，中国基本使用木材纸浆造纸，根据用途需要有机械制浆和化学制浆两种制浆方式。由于木材资源紧缺，近年来世界上积极研发非木材植物纤维的制浆造纸术。我国江南地区多数采用农作物秸秆中的纤维素部分作为原料制作纸浆。但是，在生产过程当中，秸秆制浆造纸会产生“黑液”，这些生产废水未经处理排放到水循环中，不但会造成资源的巨大浪费，同时也会因“黑液”当中含有难以降解的物质而污染水源。农村的小造纸厂因资金紧缺，技术设备落后，无法建设并使用污水处理设备，因此国家禁止小型造纸厂采用秸秆制浆。同时，以农作物秸秆为原料制浆造纸与废液处理技术是农作物秸秆资源化利用技术需攻克的难题。

1）废液减量处理制浆造纸技术

这项技术的工艺过程为：①提取农作物秸秆纤维；②将纤维洗净、剪碎；③进料、添加 8%~15% 的氢氧化钠；④缓压揉搓；⑤制作纸浆。其原理是将农作物秸秆纤维原料处理添加量增加 30%，减少 8%~12% 的碱用量，利用缓压揉搓机械使纤维摩擦产生热量，在高温条件下制作纸浆。

此项技术可以使黑液废水量减少，而且在缓压揉搓过程中的升温也可以使纤维质分散，免除蒸解分散过程，同样减少废液的排放量。

2）生物酶处理制浆造纸技术

此技术主要是利用微生物和酶制剂处理农作物秸秆，然后再用简单的物理或者化学方法制浆造纸，其特点是成本低、环境污染风险低。

3）高速旋转纤维制浆造纸技术

这种造纸技术是将农作物秸秆纤维原料剪碎，把水和纤维混合后加入机器当中，通过机械的高速旋转使纤维分散，然后搓揉分散的纤维质，洗净制浆。

2. 农作物秸秆制造建筑、包装材料技术

农作物秸秆作为建筑材料自古就有。在古代人们利用茅草作为瓦片的替代者铺在屋顶之上。在农村，人们将铡碎的农作物秸秆与泥土混合建造土坯房。农作物秸秆的纤维质既可以充当房屋的覆盖材料，也可以成为起加固作用的建筑材料。

1）农作物秸秆建材生产技术

农作物秸秆在建材领域应用广泛，可以做复合板材、纤维板等板材制品，还可以做石膏基、水泥基等。目前，我国将秸秆应用于节能、高强、利废、施工效率高、保护环境等的新型建筑材料中。现在农作物秸秆制作的玻璃纤维增强复合材料、石膏板等新型建材已经成为主导的建筑材料。

现今，利用农作物秸秆生产建材主要有模压秸秆墙体材料、挤压秸秆墙体材料、秸秆轻质保温内衬材料和定向结构板组合墙体材料等，主要工艺流程可以总结为集成工艺和碎料板工艺两种。

集成工艺主要是利用秸秆制造人造纤维板，主要流程如图 3-6 所示。这种工艺适用于小麦、水稻秸秆，加工过程中无需黏结剂，厚度为 20~80 mm，可用于墙体材料。

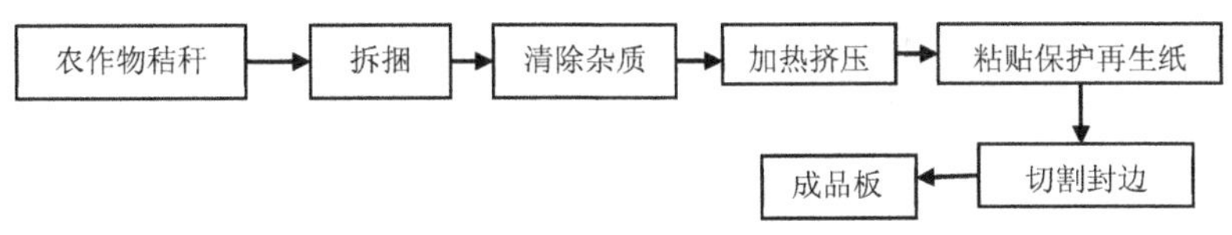

图 3-6　集成工艺流程

碎料板工艺主要是利用秸秆制造人造纤维板，有秸秆硬质板材、秸秆轻质材料和秸秆复合材料 3 种。这种工艺主要应用于建筑材料、包装材料及家具、室内装修等，工艺流程如图 3-7 所示。

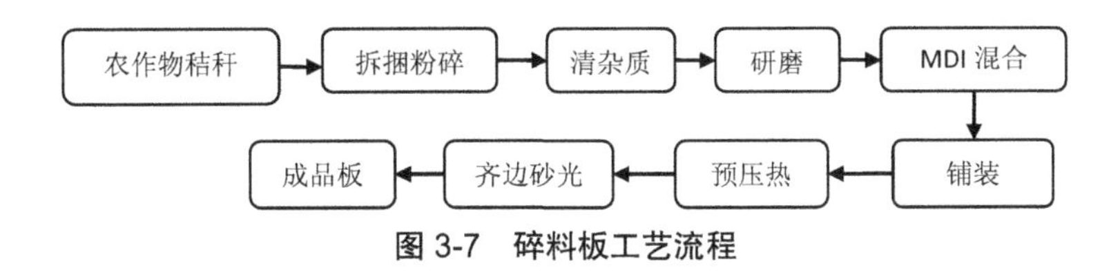

图 3-7　碎料板工艺流程

2）可降解包装材料生产技术

塑料包装材料是环境污染源之一，每年消耗量很高。现在我国以可持续发展理念大力发展“绿色包装”。以农作物秸秆粉碎物和黏合剂作为原料，它们经过混合、交联、发泡等工艺加工后，可以做成具有减震缓冲作用的包装材料，具有可降解性，能够减少环境污染。例如使用稻草为主要原料制成的新型无污染的植物纤维发泡包装不仅可以在短时间内降解，在其腐烂降解后还可作为饲料原料，实现循环利用。用农作物秸秆和玉米淀粉为原料可以生产出可降解的聚乳酸包装材料，可用于包装材料、纤维和非织造物等领域，其强度、耐药性和缓冲性等都能与聚苯乙烯相媲美。

3）一次性可降解餐具生产技术

我国每年对一次性餐具的需求量极大，因此利用农作物秸秆生产的一次性餐具具有物美价廉、性能好、无污染、可降解等优势，拥有广阔的市场，具有良好的经济价值、社会效益和环境效益。

一次性秸秆餐具主要是利用废弃农作物秸秆的天然植物纤维，将其粉碎成物料后，添加符合食用卫生标准的安全无毒的成型剂，经过加工制成可以完全降解的绿色环保餐具。产品不仅无毒无害、防水耐高温、强度高、不变形，而且可以自行分解，之后循环利用成饲料或者肥料。

3. 秸秆生产工业原料技术

1）电子工业用高纯四氯化硅的生产技术

水稻、小麦、玉米等的秸秆富含硅元素，现已有采用水稻秸秆生产四氯化硅的生产技术，以满足电子工业对硅元素的需要。首先通过燃烧或炭化处理秸秆，在 400~1 100 ℃的条件下，秸秆处理后所得的碳与含氯碳化合物（或盐酸）和含碳化合物的混合物反应，在沸点 56.8 ℃的条件下精馏得到超高纯的 $SiCl_4$。

2)木质素黏合剂生产技术

以农作物秸秆为主要原料,可提取其木质素成分和甲醛发生接链反应制取黏合剂。产品优势为黏合强度大、耐水、成本低、可生物降解等。

3)农作物秸秆陶瓷釉生产技术

为了防止陶瓷上釉烧制过程中出现釉质流动现象,通过添加秸秆灰、硅石和陶土等,尤其是水稻秸秆草木灰富含硅元素,添加到釉料可以得到优质的白色不透明的釉彩。

(五)农作物秸秆的其他利用技术

1. 菌类基料制作技术

农作物秸秆具有丰富的碳、氮、矿物质及激素等营养物质,十分适合食用菌的生长需要。农作物秸秆资源丰富、产量大、成本低,因此农作物秸秆适合食用菌基料的制作生产。

目前,我国利用农作物秸秆栽培食用菌技术十分成熟,而且投资少、见效快、技术含量低、不受客观因素限制,因此容易推广。现在我国已经可以利用农作物秸秆栽培 20 多种食用菌,如香菇、金针菇等一般产品以及猴头菇、灵芝等名贵菌类。此外,秸秆栽培食用菌后的菇渣,由于菌体的生物降解作用,氮、磷等元素的含量也明显增加,因此还可以作为优质的肥料进行农业循环生产。

但是,农作物秸秆用于食用菌基料制作时,应该严格按照《食品安全法》的要求进行卫生环境的消毒清理,保证良好的生产环境。此外,要选择良好的农作物秸秆原料,如选择新鲜、无霉变的秸秆,以保证食用菌的正常生长。另外,需要根据不同菌类认真选择配方,以保证食用菌的产量和质量。

2. 农作物秸秆工艺编织技术

农作物秸秆资源化利用还有利用秸秆手工编织制作工艺品,其具有审美和实用价值,可以用于家具、室内装饰等领域。

以农作物秸秆如麦秸、玉米皮编织的提篮、壁挂、蒲团、帘子等具有回归自然的绿色风潮,深受城市消费者的喜爱,满足人们回归自然的理想。尤其是一些具有地方特色和少数民族特色的农作物秸秆工艺编织品具有较高的文化价值,因此具有较高的经济价值。

第三节 农作物秸秆污染防治与资源化利用工程案例分析

一、丹麦利用农作物秸秆发电工程

丹麦的国土面积为 4.3 万 km^2,人口约为 500 万,耕地面积为 2.7 万 km^2,占国土总面积的 62%。丹麦的主要农作物有大麦、小麦和黑麦,每年播种面积大约占总播种面积的 60%,每年能产生大量的农作物秸秆。从 1997 年起,丹麦开始为构建节约型社会做出努力,励志建立清洁的发展机制,减少温室气体排放,加大生物质能和其他可再生能源的研发和利用力度。政府不仅对研发可再生能源的工程项目给予补贴,为大量的测试站及示范项目提供资金支持,还通过补贴设备价格对有关再生能源的项目投资给予补贴。

1998 年丹麦建成了第一座秸秆生物质燃烧发电厂，发展至今，丹麦已有 130 多家此类型的发电厂。目前，丹麦秸秆发电电能等可再生能源占全国能源消耗的 24% 以上，改变了全国的能源消费结构，从依赖石油进口的国家摇身成为石油出口国。其秸秆发电技术已经走向了世界，成为联合国重点推广的项目。

龙基电力集团丹麦分公司位于丹麦哥本哈根，核心产业是研发制造以清洁能源为燃料的电站锅炉，投资建设并运营生物质发电厂，总资产约合人民币 80 亿元，员工 4 200 余名，高级技术人员 500 多名。

二、赤峰元易生物质科技有限责任公司秸秆综合利用模式

（一）企业概况

该公司位于赤峰市阿鲁科尔沁旗，主要是以农牧业为主。赤峰全市年产秸秆量为 500 多万吨，其中玉米秸秆占 80% 以上，拥有极为丰富的秸秆资源。

元易生物质科技有限责任公司于 2012 年成立，注册资本 3 500 万元，主要投资运营生物天然气产业示范项目。对于该项目计划总投资 3 亿元，主体工程包括 12 个单位容积 5 000 m^3 的厌氧菌发酵罐及配套工程；拥有一条年产 5 万 t 的有机肥生产线和配套的汽车加气站、供气站与燃气输配网工程。预计可日消纳玉米秸秆 133.3 t 或相当于等量的其他有机废弃物，可以日产 6 万 m^3 沼气，可提纯符合车用天然气标准的生物天然气 3 万 m^3。年消纳玉米秸秆 5.5 万 t 或等量废弃物，年产沼气 2 200 万 m^3，可提纯车用天然气标准的生物天然气 1 100 万 m^3。目前，该项目已经投资 1.7 亿元，建成了生物天然气转化与纯化系统一期工程，日产沼气 2 万 m^3，提纯生物天然气 1 万 m^3，已经接通 6 000 户村镇用户，建设中压管线 12 km，低压管线 8 km，2014 年 8 月已经投入运营，状态良好。

（二）秸秆利用工程模式

该公司的农作物秸秆综合利用工程模式主要分为原料保障系统、生物天然气转化与纯化系统、沼渣沼液肥料转化系统和村镇分布式能源站及燃气输配管网系统，连接成为一条完整的农作物秸秆综合利用的循环经济产业链。

1. 原料保障系统

原料保障系统是指元易公司采取因地制宜、特需优先的原料收集原则，通过合同将土地、农机、农资、劳动力等生产要素整合，联合农资供应商、农机服务商等为个体农户、种植大户和农业合作社提供全程的农业服务，按比例分成，农作物秸秆则由公司无偿获得。此外，公司还依靠将生物天然气输配到农户家中，以气换料，以此获得畜禽粪便或者是农作物秸秆，或者用有机肥料来换取原料。对于规模化的畜禽养殖场，对废弃物进行就近收集转化或预处理后运回到生物天然气转化与纯化系统处理，获得双赢局面，公司能够获取生产原料，而畜禽养殖场则能够获得经济效益或者是生物天然气。

该公司这样的原料保障系统可以使农户或者养殖场获得经济效益，减少环境污染，同时也使企业原料得到稳定供应。

2. 生物天然气转化与纯化系统

该公司对于农作物秸秆及畜禽粪便进行预处理，使原料能够缩短发酵周期，提高产量及原料处理总量。发酵罐体的保温处理和特有的搅拌系统可实现全年不间断生产。通过采用高压水洗提纯技术，可以将甲烷提纯到 96%，达到车用天然气标准，完全替代化石天然气。

第四节　农作物秸秆污染防治与资源化利用政策分析及环境管理

我国是一个农业大国，以稻草、小麦秸和玉米秸为主的三大农作物秸秆资源十分丰富。据统计，我国秸秆总量占世界总量的 30% 左右，而受生活方式和消费观念的影响，农村秸秆资源有相当大的一部分被焚烧，经过技术处理后利用的仅约 2. 6%，而由此产生的 CO_2 高达 3 亿 t，是造成环境污染、尤其是近年来雾霾加重的重要原因之一。在农作物收获季节，大量的秸秆焚烧严重污染环境，危害群众健康，浪费资源，影响交通安全，并可能由此引发火灾和其他事故，造成严重损失。对此，国务院高度重视，多次做出重要批示，要求加强秸秆禁烧和综合利用工作。从 1999 年开始，政府各部门就把农作物秸秆污染防治工作当作每年的重要工作纳入目标管理。

一、农作物秸秆污染防治与资源化利用法律政策

（一）农作物秸秆污染防治相关法律政策

1.《秸秆禁烧和综合利用管理办法》

我国环保部在 1999 年 4 月联合农业部、财政部、铁道部、交通部和中国民航总局联合制定并发布了《秸秆禁烧和综合利用管理办法》。它是我国目前秸秆污染防治和综合利用最为重要的立法依据，共 8 条。对于禁烧区的规定是“机场、交通干线、高压输电线路附近和省辖市（地）级人民政府划定的区域”，并明确禁烧区的范围；对于禁烧区域的划定和调整，赋予省辖市（地）级以上人民政府一定的权力。推广秸秆废弃物的综合利用的规定是：“各地应大力推广机械化秸秆还田、秸秆饲料开发、秸秆气化、秸秆微生物高温快速沤肥和秸秆工业原料开发等多种形式的综合利用成果。”

该办法对违规者划定了法律责任，第八条规定：“对违反规定在秸秆禁烧区内焚烧秸秆的，由当地环境保护行政主管部门责令其立即停烧，可以对直接责任人处以 20 元以下罚款；造成重大大气污染事故，导致公私财产重大损失或者人身伤亡严重后果的，对有关责任人员依法追究刑事责任。”

2.《中华人民共和国大气污染防治法》

我国早在 1987 年就制定了《中华人民共和国大气污染防治法》。随着经济的发展，大气的污染日益严重，损害了人们的身体健康。随着人们法律意识的提高，采用法律手段对大气污染进行防治有着强烈的要求，该法律已经过多次修改。

2016 年 1 月 1 日我国施行修订版的《中华人民共和国大气污染防治法》，将联防联控作为重点，国家鼓励和支持大气污染防治的科学技术研究，推广先进适用的大气污染防治技术和装备，促进科技成果转化，发挥科学技术在大气污染防治中的支撑作用；鼓励和支持开发、

利用清洁能源;规定大量有针对性的措施,并设定相应的处罚责任,具体的处罚行为和种类接近90种,提高了法律的操作性和针对性。如第一百一十九条规定:“在人口集中地区对树木、花草喷洒剧毒、高毒农药,或者露天焚烧秸秆、落叶等产生烟尘污染物质的,由县级以上地方人民政府确定的监督管理部门责令改正,并可以处五百元以上二千元以下的罚款。”第七十七条规定“省、自治区、直辖市人民政府应当划定区域,禁止露天焚烧秸秆、落叶等产生烟尘污染的物质。”第七十六条规定:“各级人民政府及其农业行政等有关部门应当鼓励和支持采用先进适用的技术,对秸秆、落叶等进行肥料化、饲料化、能源化、工业原料化、食用菌基料化等综合利用,加大对秸秆还田、收集一体化农业机械的财政补贴力度。县级人民政府应当组织建立秸秆收集、贮存、运输和综合利用的服务体系,采用财政补贴等措施支持农村集体经济组织、农民专业合作经济组织、企业等开展秸秆收集、贮存、运输和综合利用服务。”

3.《中华人民共和国固体废弃物污染环境防治法》

《中华人民共和国固体废弃物污染环境防治法》第二十条规定:“二、禁止在人口集中地区、机场周围、交通干线附近以及当地人民政府划定的区域露天焚烧秸秆。”关于农作物秸秆废弃物资源化利用,第六条规定:“国家鼓励、支持固体废弃物污染环境防治的科学研究、技术开发、推广先进的防治技术和普及固体废弃物污染环境防治的科学知识。各级人民政府应当加强防治固体废弃物污染环境的宣传教育,倡导有利于环境保护的生产方式和生活方式。”但是上述条款中并没有细化固体废弃物。

4. 我国关于农作物秸秆污染防治的相关政策

环保部和农业部在近几年连续出台了一系列相关的部门性政策文件(见表3-14),以此来禁止农作物秸秆焚烧带来的环境问题,并通过政策引导农民开展农作物秸秆废弃物的资源化综合利用。

表3-14　我国农作物秸秆污染防治相关政策

日期与编号	政策名称
环发〔2001〕155号	《关于做好2001年秋季秸秆禁烧工作的紧急通知》
环发〔2003〕78号	《关于加强秸秆禁烧和综合利用工作的通知》
环发〔2005〕72号	《关于进一步做好秸秆禁烧和综合利用工作的通知》
环办〔2007〕68号	《关于进一步加强秸秆禁烧工作的紧急通知》
环发〔2008〕22号	《关于进一步加强秸秆禁烧工作的通知》
环办函〔2009〕712号	《关于做好2009年秋季秸秆禁烧工作的通知》
环办〔2011〕78号	《关于做好2011年秸秆禁烧工作的紧急通知》
发改环资〔2011〕2615号	《关于印发“十二五”农作物秸秆综合利用实施方案的通知》
环办函〔2012〕561号	《关于做好2012年夏秋两季秸秆禁烧工作的通知》
环办函〔2013〕470号	《关于做好2012年夏秋两季秸秆禁烧工作的通知》
发改环资〔2013〕930号	《关于加强农作物秸秆综合利用和禁烧工作的通知》

从表3-14可以看出,环保部、农业部、发改委等部门都十分重视农作物秸秆污染防治工作,基本上每年都有相关政策文件出台,而且各地方都根据实际情况因地制宜地制定了相应的农作物秸秆污染防治政策。如2013年南京市农委、市财政局联合发布《关于切实推进2013年全市秸秆综合利用工作的通知》,印发《2013年全市农作物秸秆综合利用推进工作实施办法》,出台农作物秸秆综合利用扶持政策;对进行处理的农作物秸秆,省市财政每亩共补助15元;同时指出,对市环保局提供的存在卫星监测火点、巡查火点或焚烧痕迹记录的村或社区,实行一票否决制,取消当年的此项市级财政补助资金和农业生态补偿资金。2014年江苏省政府颁发了《关于全面推进农作物秸秆综合利用的意见》(苏政发〔2014〕126号),把秸秆综合利用作为发展现代农业、防治大气污染、促进生态文明建设的一项重要任务,统筹规划,强化扶持,创新机制,多措并举,大力推进秸秆机械化还田,积极拓展秸秆能源化、原料化、饲料化、基料化等多种利用方式,加快构建综合利用长效机制,有效解决秸秆露天焚烧、弃置问题,促进秸秆资源有效利用、农业增产增收、生态环境改善。

(二)农作物秸秆污染资源化利用相关法律政策

1. 我国循环经济和可再生能源相关法律对秸秆综合利用的规定

《中华人民共和国可再生资源法》第十六条规定,国家鼓励清洁、高效地开发利用生物质燃料,鼓励发展能源作物。《中华人民共和国循环经济促进法》第三十四条规定,国家鼓励和支持农业生产者和相关企业采用先进或者适用技术,对农作物秸秆、畜禽粪便、农产品加工业副产品、农用废薄膜等进行综合利用,开发、利用沼气等生物质能源。国务院办公厅发布的《关于加快推进农作物秸秆综合利用的意见》中的基本原则是统筹规划、重点突出,因地制宜、分类指导,科技支撑、试点示范,政策扶持、公众参与以及大力推进产业化,加大政策扶持力度。

从上述法律可以看出,我国将秸秆的综合利用纳入循环经济、可再生能源利用以及国家发展和新农村建设的体系内,将农村秸秆的综合利用问题列入我国"十二五"规划中,把秸秆的综合利用列为国家发展的重点项目,以此来实现秸秆的资源化、商品化,促进资源节约、环境保护和农民增收。

2. 我国关于农作物秸秆综合利用的整体规划制度

2008年国务院办公厅印发的《国务院办公厅关于加快推进农作物秸秆综合利用的意见》中,以科学发展观为指导,认真落实资源节约和环境保护的基本国策,把推进秸秆综合利用与农业增效和农民增收结合起来,以技术创新为动力,以制度创新为保障,加大政策扶持力度,发挥市场机制作用,加快推进秸秆综合利用,促进资源节约型、环境友好型社会建设,并明确最终目标是为了解决秸秆焚烧带来的资源浪费和环境污染。规划的主要目标是"2015年,基本建立秸秆收集体系,基本形成布局合理、多元利用的秸秆综合利用产业化格局,秸秆综合利用率超过80%",并对秸秆的综合利用规定了引导性意见。

2011年,发改委发布了《"十二五"农作物秸秆综合利用实施方案》,在分析了全国秸秆资源量和综合利用情况的基础上,进一步指导"十二五"期间各地推进秸秆综合利用工作,明确了秸秆综合利用的短期和长期目标,提出总体目标为"到2013年秸秆综合利用率达到

75%，到 2015 年力争秸秆综合利用率超过 80%；基本建立较完善的秸秆田间处理、收集、储运体系；形成布局合理、多元利用的综合利用产业化格局。其中，到 2015 年秸秆机械化还田面积达到 6 亿亩；建设秸秆饲料化处理设施 6 000 万 m^3，年增加饲料化处理能力 3 000 万 t；秸秆基料化利用率达到 4%；秸秆原料化利用率达到 4%；秸秆能源化利用率达到 13%。”围绕秸秆肥料化、饲料化、基料化、原料化和燃料化等领域，实施秸秆综合利用试点示范，大力推广用量大、技术含量和附加值高的秸秆综合利用技术，实施一批重点工程。同时，要求各省级单位编制进一步的秸秆综合利用发展规划。各地在国务院的宏观领导下，根据本地区实际情况，纷纷制定出本地区的秸秆利用规划，如《江苏省农作物秸秆综合利用规划》《甘肃省农作物综合利用规划》和《湖北省农村能源工程建设“十二五”规划》等，以此来加快农业循环经济和新兴产业发展，改善农村居民生产生活条件，增加农民收入，保护生态环境，推动社会主义新农村建设。

3. 我国秸秆综合利用产业的扶持和激励措施

2008 年《国务院办公厅关于加快推进农作物秸秆综合利用的意见》规定，要加大对秸秆综合利用的关键技术和设备研发的资金投入，对于综合利用企业和农机服务组织给予一定的信贷支持，对于秸秆综合利用产业给予相应的税收和价格优惠。

财政部颁布的《生物能源和生物化工非粮引导奖励资金管理暂行办法》第二条明确规定：“中央财政安排生物能源和生物化工非粮引导奖励专项资金，用于支持以非粮为原料的生物能源和生物化工放大生产，优化生产工艺，促进生物能源和生物化工产业健康发展，专项资金支持范围包括秸秆类木质纤维制乙醇放大生产示范。”

2008 年《秸秆能源化利用补助资金管理暂行办法》第四条规定，支持对象为从事秸秆成型燃料、秸秆气化、秸秆干馏等秸秆能源化生产的企业，给予符合相应条件的企业直接的资金支持。

工业和信息化部的《国家长期粮食安全中长期规划纲要（2008—2020 年）》中第四点指出，保障粮食安全的主要任务是加快农区和半农区节粮型畜牧业发展，积极推行秸秆养畜。转变畜禽饲养方式，促进畜牧业规模化、集约化发展，提高饲料转化效率。

科技部的《国家科技支撑计划“十一五”发展纲要》第四点指出，农业中的重大项目为农林生物质工程，以充分利用我国农林生物质材料、促进循环农业发展为目标，以农作物秸秆、林业采伐及加工剩余物、畜禽粪便等农林剩余物及能源植物为主要原料，重点研究高活性糖化酶和纤维素酶制造、共代谢基因工程菌构建、非相变产物分离、分子合成、接枝共聚、生物可燃气高效转化、低成本农林生物质集储、专用能源植物培育等共性关键技术，突破农林生物质转化过程中降解与改性、分离与合成、能源和材料转化等环节的技术瓶颈，构建农林生物质转化创新技术平台。

环保部的《关于公布资源综合利用企业所得税优惠目录（2008 年版）的通知》中关于再生资源第 16 项（综合利用的资源）指出，农作物秸秆及壳皮包括粮食作物秸秆、农业经济作物秸秆、粮食壳皮、玉米芯。生产的产品是代木产品、电力、热力及燃气。技术标准要求产品原料 70% 以上来自所列资源。

国家税务总局的《关于发展生物能源和生物化工财税扶持政策的实施意见》规定，生物能源与生物化工财税扶持政策的原则是国家鼓励利用秸秆、树枝等农林废弃物等为原料加工生产生物能源，鼓励开发利用盐碱地、荒山和荒地等未利用土地建设生物能源原料基地。将具备原料基地作为生物能源行业准入与国家财税政策扶持的必要条件，通过技术推广介绍形成秸秆处理零排放的生态农业循环经济产业化模式。

2009 年江苏省出台的《江苏省人大常务委员会关于促进农作物秸秆综合利用的决定》指出，对于需要扶持的秸秆利用技术，要鼓励、支持秸秆利用技术与设备的研究开发，财政部门要在此基础上把秸秆综合利用资金列入财政预算，对秸秆综合利用进行农机补贴、税收补贴和电价补贴。其余地方各级政府也纷纷响应，规定了一定的综合利用的补贴和优惠政策，但是这些政策主要是为了鼓励秸秆综合利用企业的发展，因此多数都是针对秸秆综合利用企业的发展来展开的，对于农民的奖励和补贴并没有具体的规定。

二、我国农作物秸秆污染防治与资源化利用政策分析

(一)我国法律法规有待完善

1. 关于秸秆污染防治和资源化的法律政策的位阶较低

通过上述可见，我国关于农作物秸秆污染防治的专门法律政策最高等级的是国务院的部门规章和省级地方人民政府制定的地方性法规。其他都是各部门以及相关部门办公室的通知、办法等规范性文件，缺少专门的立法。即使在《中华人民共和国大气污染防治法》《中华人民共和国循环经济法》这样的中央立法中，多数也是在某条法规中提及农作物秸秆污染防治和综合利用，一带而过，不具体，属于抽象性、原则性、附带性的规定，仅能起到方向引导的作用，不具有可操作性。另外，部门规章的法律效力不高，威慑性有限。通过文件分析可见，很多规章都具有季节性特征，以夏秋两季为主，时效性短暂，仅为临时文件，过时即废，来年再重新发布此类规定。

2. 农作物秸秆污染防治和资源化的相关规定不科学，缺乏法律依据

地方人民政府在制定秸秆污染防治相关政策规定的时候都是参考环保部的相关文件，照搬为多，而且繁杂，多以通知、意见等公文形式公布，从立法技术和执行力上都未发挥出地方政府在规范秸秆焚烧治理工作中的重要作用。因此，在实际操作中和环保部门监管、执法过程中，就没有完善的法律政策可依，缺少信服力，造成无法可依、执法不严的局面。在发生行政案件时，人民法院也没有足够的具有权威性、信服力的法律作为审理评判依据，这些部门规章制度仅能作为参考，降低了其讼诉价值和法律效力。

3. 缺乏具体的实施细则

通过前面农作物秸秆污染防治和综合利用法律、法规、政策的描述，可以看出，目前大部分的规定缺乏具体详尽的实施细则，更多的是原则性的治理措施或者引导性的综合利用的建议，并没有更具体的统一实施细则。因此，实践当中，各地环保主管部门及其他相关部门在秸秆污染防治过程中，由于规定含糊不清、界限不明，往往无法处理相关的违法行为，也会出现责权不清的问题，出现执法监管中互相推诿和监管不到位的现象。这种可操作性的缺

失往往无法达到污染防治的目的。

(二)执法人员执法不到位,监管出现真空

秸秆污染防治是多部门联合监管治理的,一般都是联合执法,但是因为法律对秸秆焚烧等行为的法律处罚多规定为当地的环保行政主管部门拥有处罚权,其他部门在执法过程中仅仅是对违法人进行批评教育,降低了执法的力度。而且在实际的执法过程中,多部门往往会互相推诿责任,从而出现监管真空,不能从法律上真正地约束秸秆污染行为。

此外,秸秆焚烧面积大,执法对象不确定,执法难度大,环境保护执法机构只能是看到哪里冒烟,就跑到哪里去执法。到达后,一个普遍性的现实问题就出现了,面对正在燃烧的农作物秸秆,无人承认是自己焚烧的。由于取证难,根本无法确定到底是谁焚烧的。面对这样的情形,环境执法陷入取证困境,秸秆禁烧制度遇到了执行难的问题。

(三)缺乏秸秆污染防治和综合利用的优惠政策,资源化利用难以推广

《秸秆禁烧和综合利用办法》规定:“各地应大力推广机械化秸秆还田、秸秆饲料开发、秸秆气化、秸秆微生物高温快速沤肥和秸秆工业原料开发等多种形式的综合利用成果。”这一实施办法的最大弊病在于,对于禁止焚烧以及责任追究的规定明确、具体,而且有可执行性,但对于综合利用秸秆的规定却所述不详,综合利用仅仅停留在美好的理论构想之中,缺乏真正落到实处的可操作程序以及激励措施。

国务院办公厅2008年发布的《关于加快推进农作物秸秆综合利用的意见》中提出“针对秸秆综合利用的不同环节和不同用途,制定和完善相应的税收优惠政策”“对秸秆综合利用企业和农机服务组织购置秸秆处理机械给予信贷支持,鼓励和引导社会资本投入。”虽然国家采取了一系列的优惠政策,但是实际上都是指导性的政策,并没有具体说明,因此实践中各地方落实情况不同、力度不同,不能真正地起到激励作用。

三、我国秸秆污染防治与资源化利用环境管理的建议

我国秸秆污染防治与资源化利用的环境管理中重要的是疏堵结合,把国家宏观调控和市场调节结合起来,建立和完善农作物秸秆污染防治和资源化利用良性发展的管理机制。

(一)健全我国关于秸秆污染防治与资源化利用的法律

首先,要健全我国秸秆污染防治的立法。我国目前虽然在形式上拥有了一套自上而下的相关法律规范性文件,但是缺乏国家立法,位阶较低。《秸秆禁烧和综合利用管理办法》虽然属于六部委的联合部门规章,具有法律效力,并以国家强制力为后盾,但是实际的影响力和执行力不如法律和行政法规,达不到预期效果,而且内容上也过于笼统。因此,我国要在国家立法层面上以行政法规的形式对秸秆污染防治加以规定,明确公民的权利和义务,并且对违法行为规定具体的处罚方式和措施。从行政法规这一国家立法层面上对秸秆污染防治明确规定,可以增加其法律威慑力。

其次,还应该建立健全地方性法规。各地方人民政府对农作物秸秆污染防治的地方性立法很少,更多的是规章制度。地方各级政府对秸秆污染防治的法律文件多以通知、意见等发文,缺乏执行力和强制力。此外,地方性法规、政府部门规范性文件又缺乏具体执法的规

定，缺乏执行力，从而导致对秸秆污染防治举步维艰。在地方层面，各地立法机关应依据所在区域的情况因地制宜地开展立法工作，在地方性法规中必须对禁烧范围、违法焚烧秸秆者的法律责任以及如何推进秸秆综合利用做出具体规定，并为当地治理秸秆焚烧行为制定时间表，只有这样，才能强化基层监督。

最后，还应该在法律法规中明确秸秆污染防治工作的责任主体，并且要扩大治理秸秆污染防治的行政主体，明确分工；在实践中，确保各部门协调合作，监管到位。

（二）加强环境管理队伍建设，改进执法方式

环境管理人员，也就是环境执法人员及监督人员的法律意识和服务意识的高低对能否确保农作物秸秆污染防治与资源化法律政策落实至关重要。因此，应由各地政府主导，环保部门牵头，建立一个有本地相关部门联合进行秸秆污染防治的小组，明确职责，分工合作，保证在环境管理中能够做到执法到位、监管到位。

面对秸秆焚烧执法难、取证难的困境，应该加强检查监督，环境管理人员应该在每年的夏收、秋收季节到各地的禁烧区进行现场检查，确保不发生焚烧行为，还要对各地区的禁烧工作进行检查。对于违反规定焚烧秸秆的行为，严格按照相关规定予以处罚，绝对不能手软。

（三）建立农作物秸秆资源化利用的考核和监督机制

各级政府应该加强领导，建立健全工作责任体系，在夏秋季节，将秸秆资源化利用和明令禁止秸秆露天焚烧作为工作重点，列入环保目标责任，从上到下统一部署，将任务落实到户，立下责任状。而且还要加强政策领导，建立健全秸秆资源化利用考核办法和监督机制，实行上级监督和农民举报，建立政府与农民之间的双向制约机制，即政府对农民进行管理，同时农民有权对政府的行为进行监督。通过有效、合理的考核和监督机制充分调动各地区、各部门的工作积极性，确保秸秆禁烧工作的顺利进行。

（四）重视利用“激励型政策工具”，建立秸秆资源化利用补贴制度

目前，我国制定的秸秆资源化利用的扶持和激励政策中，并没有针对农户个人直接进行补贴的规定，更多的是对大中型企业秸秆综合利用的相关优惠政策，同时对秸秆还田等以农户为主体的利用方式，也没有直接的支持措施。因此，对于属于农民私有财产的秸秆，并不能有实在的利益放在农民面前，这也是农作物秸秆资源化利用难以推广的一大原因。要真正地将农作物秸秆资源化利用落到实处，必须建立直接面对农民的激励政策。

1. 设立专项补贴基金

由于秸秆资源化利用补贴数量巨大，对于政府来说，应该逐级设立秸秆综合利用专项基金，农作物秸秆的收集、运输、回收以及农作物秸秆资源化利用的机械、劳动力等成本，都应该作为专项补贴的内容，由政府相关部门做好预算，确保补贴能确实发放到农民手中，并用于农作物秸秆资源化利用。

2. 根据实际情况因地制宜制定具体的补贴标准

各地政府应当根据实际情况，结合不同的秸秆资源化利用方式，测算出成本与收益，制定补贴标准，要详尽具体。如对于采取秸秆堆积肥田、秸秆还田的农民，以肥田和还田的规模为标准,根据当地的经济水平、科技水平、农民收入、政府财政等情况确定具体的补贴金额,为农民提供补贴。

3. 针对具体资源化利用方式,采取全面多样的补贴方式

农民处理秸秆的成本体现在人力、物力和精力几个方面,秸秆的收集、储存、运输以及最后的利用,这些环节都需要农民投入人力和物力,政府应当根据这些过程中出现的问题制定具体的补贴方式。如对秸秆处理机械予以补贴,通过直补的方式将补贴金直接送到农民手中。除了直接的补贴金之外,还可以采用实物补助或者技术补贴的方式,如对于秸秆收割留茬的问题,乡镇政府可以统一组织对收割机进行调配,解决收割机不够用的问题;通过对农民或者村集体直接提供秸秆综合利用设施的实物补助,帮助农民建设秸秆气化池,改良农民炉灶;对于使用秸秆综合利用新技术的农户给予技术奖励,安排技术人员下乡进行免费指导,免费提供新技术产品,并做好后续配套服务工作。

第四章 农业废弃物——农村生活垃圾污染防治与资源化利用

第一节 农村生活垃圾污染现状及问题分析

我国是农业大国,农村人口约占全国总人口数量的50%。农村是农民生产生活的基本场所,是农民实现生产和再生产的主要基地,也是我国社会主义现代化建设的稳定器。随着农民物质生活水平的不断提高,农村产生的生活垃圾持续递增,加之农村村落分散、基础设施落后以及农民长期以来随意倾倒垃圾,使农村环境污染越来越严重。特别是近年来,一次性生活用品逐渐进入农村,产生了大量不可降解的生活垃圾,使垃圾的成分较以前更为复杂。各种生产生活废弃物的大量出现并随意堆放,已经超过了自然环境的自净能力,农村生活垃圾已经严重污染了农村的生活环境,同时也间接影响了农作物的生长环境,从而对食品安全产生威胁。

第二节 农村生活垃圾污染环境的现状

一、农村生活垃圾的内容

(一)农村生活垃圾

农村生活垃圾主要包括餐厨垃圾、包装废弃物、一次性用品废弃物、废旧衣物等。因为农村生活垃圾处理设施严重滞后,甚至没有处理设施,大多数农民的环保意识又相对淡薄,很多难以回收利用的固体废弃物,如一次性塑料制品、废旧电池等生活废弃物随意倒在路旁、水边,造成很多露天空地和天然河道成了天然垃圾堆。随着时间的推移,混合垃圾腐烂、发臭、发酵,甚至发生反应,不仅会释放出危害人体健康的气体,而且垃圾的渗滤液还会污染水体和土壤,进而影响农产品的品质,最终通过食物链影响人们的身体健康。

(二)农村生活污水

我国小城镇和广大乡村还缺乏系统的排水设施,大量的生活污水随意排放后随地表河流进入水体循环,有机污染十分严重。畜禽粪便污染可能会引起水中氮浓度升高,洗涤剂则会导致磷的浓度增加。“污水乱泼、垃圾乱倒、粪土乱堆、柴草乱垛、畜禽乱跑”是目前我国大部分农村生活的环境现状。

二、农村生活垃圾的产生量及增长趋势

随着农村经济的发展,我国农村生活垃圾产生量与日俱增,且呈现出来源渠道多元化、

垃圾成分复杂化、有机垃圾比例增加化等特征。根据有关调查，目前我国农村人均垃圾产生量为 0.86 kg/d[①]，密度约为 0.368 t/m^3[②]，不同地区生活垃圾产生量差别很大，北京地区农村生活垃圾人均日产生量最高达 3.0 kg，而青海地区人均日产生量仅为 0.2 kg。根据 2008 年有关学者对我国 26 个省、自治区和直辖市的 141 个村进行调研的结果显示，目前农村生活垃圾已经在农村总的污染源中占到 53%，成为主要环境污染源。我国还没有开展农村垃圾产生量与经济发展水平相关关系的研究，但就目前我国农村的经济发展阶段来看，农村垃圾产生量还处于快速增长时期。随着经济的发展，农民生活垃圾成分呈现无机垃圾减少、有机垃圾增多的趋势。

2010 年，农村生活固体垃圾人均日排放量约为 1 kg，仅比当年全国城镇生活固体垃圾人均日排放量 1.2 kg 少 0.2 kg（耿海军，2010）。

农村生活垃圾对环境的污染高于城镇。虽然农村生活固体垃圾的人均排放量比城镇的要略低，但是由于大多数农村没有良好的垃圾回收与处理能力，故而农村生活垃圾对环境的危害要远高于城镇。

我国农村生活垃圾年均排放总量呈现增长趋势，而且高于城镇垃圾排放量的增长速度。近年来，农村垃圾产生量的增长速度与我国经济增长速度相似，每年以 8%~10% 的速度增长[③]。根据环保部和国家统计局的相关数据，2000—2010 年十年间，我国农村生活垃圾排放量实际增长了 67.1%，而同期我国城镇生活垃圾增长了 37.7%，可以看出我国农村垃圾增长的速度较快。

我国不同省份农村生活垃圾人均日排放量差异明显。受经济发展水平、消费结构、燃料结构、生活习惯等因素影响，我国不同地区的垃圾成分差别也很大。在北方经济发展水平较低的地区，无机垃圾所占的比例较大，如山东省农村生活垃圾中无机垃圾占 69.4%，河南省的无机垃圾占 68%，而江苏省等经济水平较高的地区无机垃圾只占 16.1%[④]。而且北方省份农村生活垃圾人均日排放量要高于南方省份（表 4-1）。

农村生活垃圾组成的影响因素有人均收入及生活水平、燃料结构和家庭畜禽养殖情况。2006—2007 年全国农村饮用水与环境卫生调查报告（姚伟、曲晓光等）显示我国农村人均日生活垃圾排放量的分布趋势是东部为 0.96 kg、中部为 0.88 kg、西部为 0.77 kg、东北是 0.81 kg，平均值为 0.86 kg。根据 2005 年调查的沈阳市典型农村垃圾产生量（李悦，2007）显示，在经济较发达区域的农村人均生活垃圾日产生量为 0.75~2.29 kg/（人·d）[⑤]。

表 4-1　2010 年我国不同省份农村生活垃圾人均日排放量

地区	样本数 / 村	人均日排放量 /[kg/（人·d）]
全部样本	123	0.95

① 姚伟，曲晓光，李洪兴，等. 我国农村垃圾产生量及垃圾收集处理现状 [J]. 环境与健康杂志，2009，26（1）：10-12.

② 范先鹏，董文忠，甘小泽，等. 湖北省三峡库区农村生活垃圾发生特征探讨 [J]. 湖北农业科学，2010，49（11）：2741-2745.

③ 王金霞，李玉敏，白军飞，等. 农村生活固体垃圾的排放特征、处理现状与管理 [J]. 农业资源与环境学报，2011，28（2）：1-6.

④ 姚步慧. 我国农村生活垃圾处理机制研究 [D]. 天津：天津商业大学，2010.

⑤ 李悦. 沈阳市典型农村生活垃圾状况调查及污染防治研究 [J]. 安徽农业科学，2007，35（12）：3646-3647.

续表

地区	样本数 / 村	人均日排放量 /[kg/(人·d)]
北方省份	52	1.28
南方省份	71	0.72
北京	16	1.46
吉林	18	1.25
河北	18	1.13
浙江	17	0.83
安徽	18	0.75
四川	18	0.73
云南	18	0.58

数据来源：中科院农业政策研究中心 2010 年调查数据。

三、农村生活垃圾污染的特点

因受到地域、人口、经济水平、地理情况等因素的制约，农村生活垃圾的种类和特点与城市垃圾有所差异。

（一）污染源分散

我国农村城镇化进程使得农村工业得到发展，农民的生活水平明显提高，传统的农村生活模式被打破，各种有机、无机垃圾交织在一起形成多源污染。我国的农村面积广、人口多，农村布局呈现分散性，农民和当地的企业通常都是在周围随意排放垃圾，也呈现分散性，故垃圾难以集中处理。

（二）次生污染严重

随着经济的发展，农村生活日渐向城市生活趋同，农村的生活垃圾也由过去传统的厨余、秸秆、粪便等逐步增加了废旧家电、塑料、废旧电池等难以降解或处理的废弃物。因为情况复杂，加上农民环保意识淡薄、环保知识缺乏，因此他们对日常的生活垃圾就是简单地扔在自己的房前屋后，待堆积到一定数量后再进行处理。这样一来，堆放的垃圾不仅容易污染环境，还会发生环境次生污染。如废旧电池长期置于空地不管，经过风吹雨淋，电池废液会渗入土壤甚至是地下水循环，导致环境污染，影响农业生活生产，甚至对农民的身体健康造成极大影响。

四、农村生活垃圾的处理现状

（一）农村生活垃圾的收集和收运状况

农村生活垃圾的收集主要是采用配备垃圾屋、垃圾池、垃圾箱等方式。农村生活垃圾的处理存在区域差距大、处理标准不统一的状况。东部地区有生活垃圾收集点的行政村比例达 82%，对生活垃圾进行处理的行政村比例达 68%；中部、东北地区有生活垃圾收集点的行政村比例超 50%；西部地区农村生活垃圾的收集和处理工作均相对滞后。

总体而言，我国大部分农村的垃圾处理模式都很粗放，收运处理过程污染也较为严重。由于经费投入不足，环境卫生设施基础薄弱，收运设施简陋缺乏，且以人力作业为主，加之人工费用较低，导致工作效率低，垃圾收运不及时。因此，大多数农村生活垃圾还是被堆在房前屋后，或者是被简易填埋，造成垃圾堆场环境严重污染。垃圾运输设备机械化和密闭化程度低，以农用三轮车等为主，由于密封性差，在垃圾运输过程中会造成垃圾渗滤液等沿路洒落，更是在农村环境脏、乱、差的局面上雪上加霜。

在我国经济高速发展之前，受到传统习惯及经济水平的限制，农村生活垃圾都是农户随意堆放，村里没有统一的垃圾收集站或者存放点。但是随着经济的不断发展，农村生活受到了城市的影响，垃圾成分复杂，生活垃圾逐渐成为生态环境污染的重要污染源之一。虽然现在政府逐步重视农村生活垃圾的收集运输，但是由于种种原因，农村生活垃圾处理制度及设施都很滞后。

（二）农村生活垃圾的处理方式

总体来讲，大部分农村的生活垃圾处于无人管理、无人问津的现状，即使村镇政府设有管理环境的专门部门，但是对于村庄的垃圾处理较为淡漠。目前农村生活垃圾主要的处理方式有以下几种：①对生活垃圾采取不理不睬的态度，让其自然消失；②焚烧或者掩埋，这是在垃圾堆放到一定程度的时候，采取最原始的办法进行处理，结果造成了环境污染，对生态环境、食品安全和农业可持续发展造成威胁；③主动探索科学的生活垃圾处理方法，在经济相对发达的农村或者是城市近郊，开始实行集中倾倒、统一收费、统一处理的办法。

第三节　农村生活垃圾污染的危害

以前，我国农村的生活垃圾主要是厨余、纸张等容易降解的垃圾，但是随着经济水平的提高，农民的生活方式也趋同于城镇，生活垃圾的成分越来越复杂，随意堆放会滋生多种微生物、病毒及蚊蝇，尤其是含有有毒有害物质的垃圾，其中的化学物质、重金属等可以通过水、土壤等环境介质污染环境或者传播疾病，对人们的身体健康带来很大的危害，同时对生态环境也会造成不可逆的影响。生活垃圾对环境的影响主要有以下几方面。

一、占用土地，破坏土壤结构

农村生活垃圾基本上都未经过减量化处理，在河道、田间地头等露天任意堆放，不仅侵占了大量的农田用地，使我国可用耕地日益减少。农村生活垃圾没有得到科学处理，垃圾中的有毒有害物质很容易渗入土壤或者是进入地表水体，这些有毒有害物质可以杀死土壤中的微生物，改变土壤的性质结构，使土壤的物理性能变差，阻碍农作物的生长，导致农作物减产。

二、污染水环境

农村生活垃圾通过地表径流进入河流湖泊，或者通过渗入土壤进入地下水系统，或者随风落入水体，把有毒有害物质带入水循环中，杀死水中的微生物，严重污染人类饮用水，直接威胁人们身体健康。尤其是在落后的农村，由于没有自来水，农民大多数以打井取地下水或者以河流作为饮用水水源，垃圾污染很容易导致疾病传播。

由于农村生活垃圾常年堆积，产生大量危害性极大的渗透液，通过渗入土壤污染地下水，或者是通过地表径流进入江河湖海，造成水资源的水质性短缺。

农村生活垃圾还含有大量的微生物和病毒细菌，且在堆放的过程中产生大量的酸碱性物质，从而将垃圾中的有毒有害重金属溶出，形成集有机物、重金属和微生物于一体的综合污染源。农村生活垃圾中所含有的水分以及在堆放过程中进入垃圾的雨水会产生大量富含这些污染物的浸出液，如果控制不当而进入周围的地表水或者渗入土壤，都会造成非常严重的污染。

三、污染大气环境

长期堆放在户外的农村生活垃圾会产生恶臭气体、细微颗粒和粉尘等，这些物质可以随风扩散到其他地方。尤其是农村厨余等有机垃圾所占比例较大，如果温度和湿度适宜，就会出现有机物降解，释放出沼气，在一定程度上消耗氧气，使周边的植被衰败。有毒有害的废弃物暴露在空气中，受风吹雨淋，可能会产生化学反应，生成有毒气体，一旦这些毒气扩散到大气中，会对人们的健康造成威胁。

四、污染生活环境

如前文所述，农村生活垃圾收集与处理设施不完善，大部分农民将垃圾堆放在自家的房前屋后，纸张、塑料袋等垃圾在风大的时候极易被吹起，随意飞扬，或散落在树枝上等，造成白色污染。雨季的时候，垃圾被雨水淋泡，会造成污水横流，极易造成疾病的传播，严重侵害居住在周围的农民及牲畜的健康。农村生活垃圾影响人体健康的途径如图 4-1 所示。

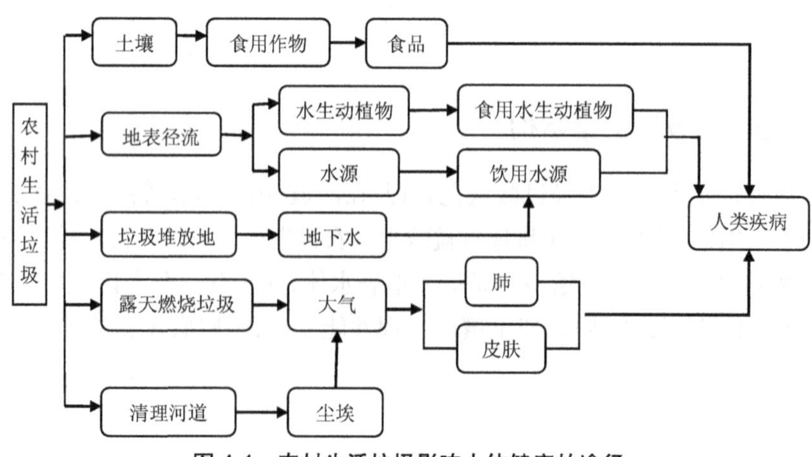

图 4-1　农村生活垃圾影响人体健康的途径

第四节　农村生活垃圾污染现状存在的问题

一、农民的环保意识淡薄

随着农村经济水平的提高，农民的生活水平也有大幅度提高，所用的生活用品等都接近了城镇居民的水平，环保认知水平也有所提升。但伴随社会经济的发展，农民对环境保护的意识仍与现有环保需求不够匹配，思想认识仍然停留在传统农业生活时期，并没有意识到当前的生活垃圾在自然条件下无法自然分解，长期暴露在环境中会对人体和环境造成危害。因此，大多数农民仍按照传统的方式对生活垃圾进行处理，导致农村居住环境污染。同时，有调查显示，很多人认为导致农村环境污染的原因不在于自身对环境的破坏，污染不到自己，与己无关。

二、农村垃圾收集和处理系统不完善

我国农村生活垃圾的堆放方式中随意堆放占 36.72%，收集堆放占 63.28%。由于我国农村人口居住较为分散，因此大部分村庄都没有固定的垃圾集中堆放点和专门的垃圾收集、运输和处理系统，不能使垃圾得到分类收集和统一处理。

经济条件好的村庄目前对垃圾进行了统一收集，但是因为政府重视程度不够，资金严重缺乏，导致垃圾处理设施过于简单，并不能做到无害化处理，仅做到垃圾集中化处理，并没有起到改善环境的作用，甚至堆积垃圾的数量庞大，对环境的压力更为巨大。贫困的农村对垃圾的处理方式主要是简单的转移填埋、临时堆放、露天焚烧和随意倾倒。

因为农村人口众多，且居住分散，即使近年来国家对农村环保的投入增加，但是杯水车薪，不能根本解决目前的困境。目前大多数农村生活垃圾采用焚烧、堆肥的处理方式，由于技术、资金等各方面原因，多数农村难以承担工业焚烧处理的高昂的运营成本，并容易造成二噁英等有害气体的二次污染。在农村现有经济、技术条件下，垃圾堆肥前期分选成本高、周期长，肥效不稳定，又因为化肥的价廉和使用方便等原因，使得农民对生活垃圾堆肥处理的积极性不高。

三、农村生活垃圾管理体制不健全

治理农村生活垃圾因为耗费精力、资金投入巨大、效益实现周期长且不显著，国家对农村垃圾处理没有给予足够的重视，相关部门对农村生活垃圾治理投入和管理的重要性常常忽略。

我国农村垃圾处理的公共服务采取的是分级负责的管理模式。乡村环境卫生体系相对薄弱，农村大都没有分管环保的科室，部分乡镇有环保科，县设环保局，但在行政村配备的环境管理人员大多数都是形同虚设，而乡镇环境管理部门的管理范围及能力都有限，因此不利于农村生活垃圾的及时清理。

近几年，我国相关部门出台了一些关于农村环境污染治理的政策文件，但是大多数文件都为原则性规定，没有具体详尽的细则，需要地方政府出台因地制宜的规章制度予以贯彻实

行。可是，很多地方政府对农村生活垃圾重视不够，并没有出台相关的规章制度，即使出台相关文件，但又缺乏规范性和可操作性。因此，从法律制度层面，农村生活垃圾的处理缺乏国家政策和地方性规章制度的支持。

四、现行垃圾管理可行性差

我国农村生活垃圾管理仍主要采用末端治理型，前端分类远远没有到位。垃圾前端分类收集、末端集中处理往往因为政策、资金不到位或村民环境意识薄弱等原因不能落实。部分地区试行了“户集、村收、乡（镇）运输、县（市）处理”的环卫管理体系，此管理模式适用于城镇，在处理农村尤其是偏远农村的生活垃圾上存在许多弊端。

（1）浪费了农村生活垃圾中可回收利用的废品，掩蔽了农村自行消纳生活垃圾的优点。

（2）兴建转运站、购进清运设备、运输等耗资巨大，运输过程中还易产生二次污染。

（3）城市生活垃圾处理已经自顾不暇了，如若再将农村生活垃圾运到城市，无疑会给城市环卫系统增加压力。

第五节　农村生活垃圾源头分类

农村生活垃圾是农村居民在生活过程中产生的综合废弃物。过去农村的生活垃圾主要以菜叶、尘土、纸张等易分解的成分为主。近些年来，农村的生活垃圾成分发生了明显的变化，生活垃圾不但含有煤渣、食品废弃物、灰土，还有废塑料、废电池、包装材料等难以分解的垃圾，在乡镇工业较发达的地区还有大量的工业垃圾产生，垃圾成分由单一的生活垃圾向生活垃圾、建筑垃圾、工业垃圾等多成分转变。同时，由于农村燃气的普及和用肥习惯的改变，大量有机垃圾未能被利用还田，显著增加了垃圾的数量，因此，周边环境无法自然消纳当地产生的垃圾。当这些垃圾被随意弃置时，便引起了环境污染和环境卫生等问题。因此，我国农村生活垃圾需要进行合理收集与处理，源头分类收集是实现垃圾减量化的有效措施。

一、源头分类收集原则

垃圾分类回收主要是为了方便处理与资源化利用，遵循的原则是无害化、资源化。垃圾分类从居民生活源头分类开始（分类收集、装袋）；接下来是分类装运（分类投放到分类回收箱，分类装运）；最后根据垃圾不同的成分进行处理，处理方式有填埋、焚烧、堆肥和再生。可见生活垃圾分类回收是一个多环节的一体化系统。

在农村施行垃圾源头分类需要大量人力、物力、财力的配合，影响因素诸多，故而要在施行之前实地考量当地的经济实力，对广大村民进行宣传教育，提供必要的垃圾分类收集条件，积极鼓励农民主动对垃圾进行分类存放。仔细组织垃圾分类收集工作才能使垃圾分类收集推广坚持下去，这项工作是一项需长期奋斗、任重道远的工作。

在我国农村，施行垃圾分类为减量化、资源化提供基础与保障，有利于农村经济、环境的可持续发展，必须由农民密切配合，开展家庭垃圾分类。

二、农村垃圾分类

农村垃圾可分为以下几类。

（1）厨余和有机垃圾：包括厨余垃圾以及不需要农户在日常生活中进行分类的人畜粪便和农作物秸秆、草木枝叶等。

（2）灰土垃圾：包括炉灰、煤渣、扫地（院）土、建筑垃圾等。

（3）可再生垃圾：包括废旧金属、废旧塑料、废旧纸类、废旧织物、废旧玻璃等。

（4）有害垃圾：包括各种废旧灯管、灯泡、电池、农药瓶、油漆桶以及卫生网点的医疗垃圾等。

农村生活垃圾实施垃圾分类收集要遵循以下原则。

（1）生活垃圾在分类收集以后，可回收利用的占整个垃圾产量的比例应高于一个下限值（视地区情况而定）。因为低于下限值，在技术经济上不可行。

（2）目前实际采用的再生资源利用技术应能够满足分类后资源回收和垃圾处理的需要，且经济上应有效益。

（3）对于源头分类收集，农民必须是支持的，不能强制推行。

（4）实施垃圾分类收集的地区，垃圾资源的市场化要成熟。

农村垃圾分类处理流程如图 4-2 所示。

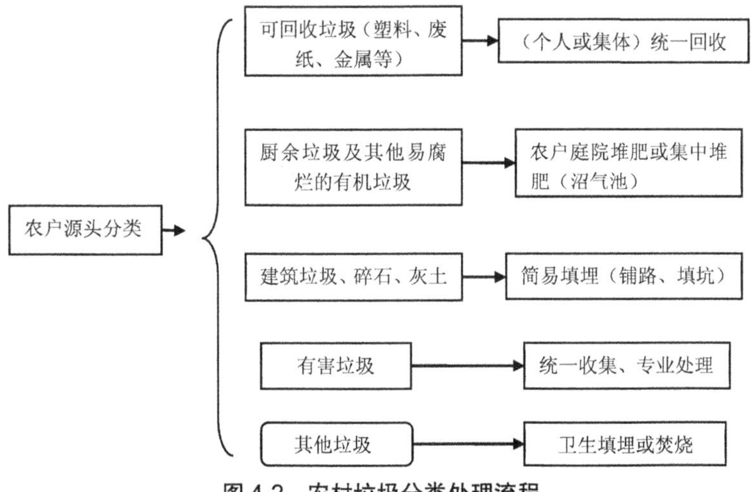

图 4-2　农村垃圾分类处理流程

三、源头分类收集方式

农民需要在家中将垃圾分为可回收垃圾（塑料、废纸、书报等）、厨余类垃圾（易腐烂的有机垃圾）、有毒有害垃圾（电池、药品、灯管等）、其他垃圾，分别将这些垃圾投放到自己院内或者垃圾收集点中不同颜色的垃圾容器里，由专门负责人定期收集。

（一）定点收集

生活垃圾定点收集是指在居民住宅区、街道等地按一定比例和要求设置垃圾收集设施，由居民和住户定时投放生活垃圾到收集设施中，然后由垃圾运输车定时送往附近的垃圾中转站或直接送到垃圾处理场的收集方式。

(二)上门收集

上门收集主要是指个人或者环卫人员定点定时上门收集居民生活垃圾,然后送往统一的垃圾站,再转运到垃圾中转站或者垃圾处理场的生活垃圾收集方式。

(三)混合收集

混合收集是指将未经任何处理的各种垃圾混杂在一起的收集方式,其简单易行、运行费用低,但是由于收集过程中各种垃圾混杂在一起,资源化利用率低,增加了生活垃圾处理的难度。

四、垃圾收集设施

(一)垃圾收集容器

生活垃圾收集容器包括垃圾袋、垃圾桶和垃圾箱等,是盛装各类生活垃圾的专用器具。

垃圾袋是一次性废弃物收集容器,多为塑料制品,各国对垃圾袋的体积、颜色、塑料类型等都有具体的要求。村民可在家先把垃圾装入垃圾袋,再投到院外定点的垃圾桶(箱)内,也可以由环卫人员上门收集,抑或直接投到垃圾运输车内。

垃圾桶(箱)(图 4-3 和图 4-4)按照材质不同,可以分为塑料桶、金属桶和复合材料桶等,形状有方形和圆形两种,可以固定位置,也可以在底部安装车轮进行移动。随着新农村建设工作的推进,室内分类垃圾桶和室外分类垃圾桶开始流行,以方便垃圾投放、处理、分类。

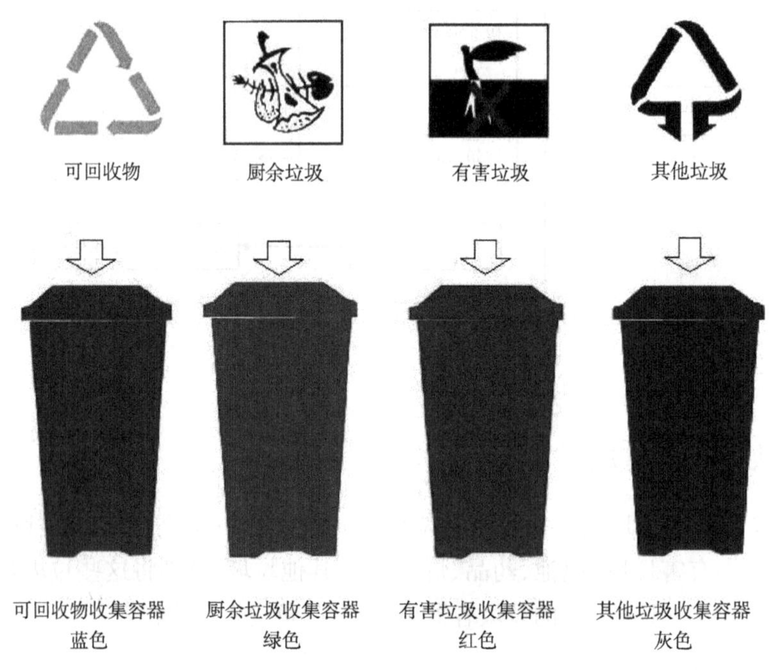

图 4-3　垃圾源头分类垃圾桶

图 4-4　户外垃圾源头分类垃圾桶

（二）垃圾收集车

1. 人力收集车

人力收集车是我国大部分农村垃圾收集的重要交通工具，发挥着重要作用。人力收集车的样式和载量多样，包括手推车、三轮车等，但是必须做到整洁、封闭、无污水滴漏、安全便利。

2. 电动三轮垃圾收集车

电动三轮垃圾收集车外形小巧、轻捷便利，采用了两轮电动车的设计，充电即可行驶，为一款环保、清洁的新能源车辆，促进了交通运输行业的低碳化发展。此款三轮电动垃圾车的垃圾桶能与压缩式垃圾车和垃圾压缩站进行对接，方便了垃圾的收集，非常适合在农村地区使用。

3. 自卸式收集车

此款车是我国最常用的垃圾收集车，一般是在普通货车底盘上加装液压倾倒结构和装料箱后改装而成。液压倾倒结构可使整个装料箱翻转，从而进行垃圾的自动卸料。该种方式需要农村的经济与农村城镇化发展程度相适应。

（三）垃圾收集箱房

农村垃圾收集箱房（图 4-5）的设置要考虑服务半径，一般不超过 70 m，方便农民投放生活垃圾并有利于垃圾收集车的作业和垃圾分类作业。

图 4-5　垃圾收集箱房

第六节　农村生活垃圾资源化

一、农村生活垃圾资源化的意义

面对农村日益增长的生活垃圾和高昂的垃圾清运费用,垃圾源头减量、就地资源化利用需求极为迫切。垃圾混合收运是制约垃圾资源化利用和造成农村垃圾不得不全部经过长距离运输以实现无害化处理的重要原因。发达国家能实施的垃圾分类收集是一种对于垃圾不同组分物流的分类管理,分类后采用的处理技术也是针对各类垃圾的特性发展而来的。农村生活垃圾资源化是将废弃物变无用为有用,变有害为有利,无论是在保护资源、节约能源方面,还是在防止污染、保护环境方面都有重要意义,其意义如下。

(1)大大降低垃圾转运成本和处理费用,减轻财政负担。

(2)节约资源,产生一定的经济效益。

(3)有效地进行农村环境综合整治,改善农村生态环境。

不管采用哪一种垃圾处理处置方式,垃圾分类收集均是其他处理方式的前提,也是实现垃圾处置减量化、资源化、无害化的重要措施。通过垃圾的分类收集,一方面可以提高资源的利用率,减少垃圾的填埋量和占地面积,降低有毒有害垃圾对环境的危害,确保人们的身体健康;另一方面可以节省垃圾处理设施的投入和运营费用,同时通过销售部分可用"废品"还可增加居民的收入,这正好可以缓解农村生活垃圾处理资金缺乏的问题。

二、农村生活垃圾资源化利用技术

农村生活垃圾可以资源化利用的部分有秸秆、畜禽粪便、生活有机垃圾及农产品加工产生的废弃物。农村生活垃圾数量巨大且分布广泛,污染危害大,但同时具备有效资源化利用的特点，是一种宝贵的生物质资源。因受到地理环境、经济发展、垃圾状况及气候条件等因素的影响和制约，农村生活垃圾的处理处置方式各有不同。基本的方法是卫生填埋、焚烧、堆肥、综合利用。此外，还有堆肥发酵、太阳能－生物集成、气化熔融等新的工艺技术。

（1）卫生填埋。此技术被广泛应用于农村生活垃圾处理，主要有厌氧、好氧和准好氧 3 种类型。其中厌氧填埋是最常用的一种形式，具有填埋结构简单、操作方便、施工费用低廉等优点。随着农村生活水平的提高，垃圾成分及数量也发生了质的变化，填埋垃圾的处理方式产生的渗滤液、填埋气等造成环境污染，而且后期运行费用也日益提高。卫生填埋的原理是采取防渗、铺平、压实、覆盖等措施将垃圾埋入地下，经过长期的物理、化学和生物作用使其达到稳定状态，并对气体、渗滤液、蝇虫等进行治理，最终对填埋场封场覆盖，从而将垃圾产生的危害降到最低。

（2）焚烧。这是一种深度氧化的化学过程，在高温火焰的作用下，焚烧设备内的生活垃圾经过烘干、引燃、焚烧 3 个阶段转化为残渣和气体（CO_2、SO_2 等），可经济有效地实现垃圾减量化（燃烧后垃圾的体积可减少 80%~95%）和无害化（垃圾中的有害物质在焚烧过程中因高温而被有效破坏）。经过焚烧后的灰渣可作为农家肥使用，同时产生的热量可用于发电和供暖。